Николай Валентинович Никитков
Николай Юрьевич Ковеленов
Дмитрий Юрьевич Колодяжный

Эффективное алмазное шлифование заготовок из хрупких материалов

Николай Валентинович Никитков
Николай Юрьевич Ковеленов
Дмитрий Юрьевич Колодяжный

Эффективное алмазное шлифование заготовок из хрупких материалов

LAP LAMBERT Academic Publishing

Impressum / Выходные данные

Bibliografische Information der Deutschen Nationalbibliothek: Die Deutsche Nationalbibliothek verzeichnet diese Publikation in der Deutschen Nationalbibliografie; detaillierte bibliografische Daten sind im Internet über http://dnb.d-nb.de abrufbar.

Библиографическая информация, изданная Немецкой Национальной Библиотекой. Немецкая Национальная Библиотека включает данную публикацию в Немецкий Книжный Каталог; с подробными библиографическими данными можно ознакомиться в Интернете по адресу http://dnb.d-nb.de.

Coverbild / Изображение на обложке предоставлено: www.ingimage.com

Verlag / Издатель:
LAP LAMBERT Academic Publishing
ist ein Imprint der / является торговой маркой
OmniScriptum GmbH & Co. KG
Heinrich-Böcking-Str. 6-8, 66121 Saarbrücken, Deutschland / Германия
Email / электронная почта: info@lap-publishing.com

Herstellung: siehe letzte Seite /
Напечатано: см. последнюю страницу
ISBN: 978-3-659-47411-8

Zugl. / Утверд.: Санкт-Петербург. Санкт-Петербургский Государственный политехнический университет Гос

Н. В. Никитков Д. Ю. Колодяжный Н. Ю. Ковеленов

Эффективное алмазное шлифование заготовок из хрупких твердых материалов с целью получения высококачественных деталей

**LAP LAMBERT Academic Publishing is a trademark of:
OmniScriptum GmbH & Co. KG**

2013

Рецензенты:

Доктор технических наук, профессор Санкт-Петербургского политехнического университета *Ю. М. Панкратов*
Доктор технических наук, профессор, заведующий лабораторией абразивной обработки материалов завода "Ильич" *З. И. Кремень*

Н и к и т к о в Н. В. **Эффективное алмазное шлифование заготовок из хрупких твердых материалов с целью получения высококачественных деталей** / Н. В. Никитков, Д. Ю. Колодяжный, Н. Ю. Ковеленов. – Saarbrücken, Germany : LAP LAMBERT Academic Publishing is a trademark of: OmniScriptum GmbH & Co. KG, 2013. – 48 с.
УДК 621.92

Приведены сведения по алмазному шлифованию хрупких твердых материалов (ТХМ) с целью достижения высокого качества изделий. Рассмотрены виды деталей из ТХМ, оборудование, на котором изготавливаются ответственные детали в авиа-, прибоpo- и машиностроении. Описаны основные дефекты, образующиеся на обработанных поверхностях. Представлены математические модели: плотности (шт./см^2) зерен в режущем слое алмазных кругов, площади (см^2) контакта круга с поверхностью заготовки, числа (шт.) шлифующих зерен на площадке контакта круга с заготовкой, температуры на контактной поверхности зерна с заготовкой, режущей способности (см^3/мин) алмазных кругов при шлифовании заготовок из ТХМ. Установлен доминирующий фактор, вызывающий образование трещин в поверхностном слое шлифуемых заготовок. Дан пример вычисления режущей способности (см^3/мин) круга и приведены практические рекомендации повышения качества изделий и производительности процесса.
Книга предназначена научным работникам и технологам, работающим в сфере производства изделий из ТХМ.

ВВЕДЕНИЕ

В настоящее время наблюдается существенный рост применения *твердых хрупких материалов (ТХМ)* (керамики, твердых сплавов, композитов) вместо металлов для изготовления деталей двигателей, летательных аппаратов, турбин, деталей станков и других устройств. Особенно часто используется [2, 9, 13, 15, 16, 18, 19] конструкционная, жаростойкая керамика (structural ceramic), которая должна отвечать высоким термическим, механическим и трибологическим требованиям. Проектирование и изготовление таких деталей требуют инженерного расчета [4, 9, 10, 12–14].

Ведущие позиции в мире по производству изделий из ТХМ занимают Япония и США. Технология получения и спекания керамических порошков и материала из карбидов и алмазов (в том числе наноматериалов) – основное направление исследований по разработке новых материалов [15] во всем мире. Европейские лидеры по производству ТХМ – Германия, Франция и Англия, их рынок сбыта составляет приблизительно 30 % рынка США. Наноматериалы с кристаллами, диаметр которых менее 0,1 мкм, были синтезированы за последние два десятилетия. Ученые Соединенных Штатов Америки опубликовали тысячи статей, получили сотни патентов, десятки фирм занимались исследованиями и производством наноматериалов в промышленном масштабе.

ТХМ, армированные керамическими волокнами, используются в военной и космической отраслях, а также в производстве автомобилей, например, Toyota, Nissan, Audi, Mercedes. В производстве двигателей используются керамики типа нитрид и карбид кремния, диоксид циркония и др.

В РФ созданы научно-производственные центры и предприятия по разработке и производству конструкционной керамики, твердых сплавов и композитов, которые занимаются изготовлением космических аппаратов, ракет-носителей, самолетов, изделий для нефтяной и газовой отраслей и т. д.

Изделия из ТХМ характеризуются сложной геометрической формой, высокими требованиями к точности размеров, формы и качеству поверхности.

Твердость ТХМ колеблется от 10 до 35 ГПа. Производительная обработка спеченных заготовок из ТХМ возможна только алмазным инструментом [1, 2, 13]. В связи с этим комплексное теоретическое и экспериментальное исследование процессов алмазно-абразивной обработки заготовок из керамик и композитов с целью повышения эффективности технологий и качества получаемых деталей является важнейшей научной задачей.

В данной работе рассмотрены теоретические и практические вопросы повышения эффективности по критериям режущей способности (Q, см^3/мин) алмазных кругов и качеству обработанной поверхности деталей из ТХМ на станках универсальных и с числовым программным управлением (ЧПУ).

1. ОБРАБАТЫВАЕМЫЕ МАТЕРИАЛЫ И ИЗДЕЛИЯ ИЗ НИХ

В мире современных твердых хрупких материалов керамике, твердым сплавам, композитам и другим принадлежит заметная роль, обусловленная широким диапазоном их разнообразных физических и химических свойств. Современные виды ТХМ делят на две группы: конструкционные и функциональные.

Под конструкционными понимают ТХМ, используемые для создания механически стойких конструкций [6, 7], а под функциональными – ТХМ со специфическими электрическими, магнитными, оптическими и термическими свойствами (рис. 1). Конструкционные ТХМ используются чаще всего в машинах и производственном оборудовании, а в области электроники и техники сенсоров широко применяются функциональные ТХМ.

Рост производства керамики в мире определяется использованием нитрида, карбида кремния и диоксида циркония [10, 16] и других материалов, применяемых в производстве двигателей и других машин. Нитрид кремния продолжает конкурировать с карбидвольфрамом и другими суперсплавами в секторах производства режущего инструмента и подшипников.

Из высокопрочных технических керамик [15] изготавливаются детали, работающие в тяжелых условиях: подпятники нефтяных насосов (большое давление, агрессивная среда, повышенные абразивный износ и температура), подшипники скольжения, торцовые уплотнения насосов для целлюлозно-бумажной и химической промышленности (чрезвычайно агрессивная среда, повышенная температура), тигли, используемые в металлургической промышленности (агрессивная среда, высокая температура).

а) Режущие пластины из ТХМ [20]

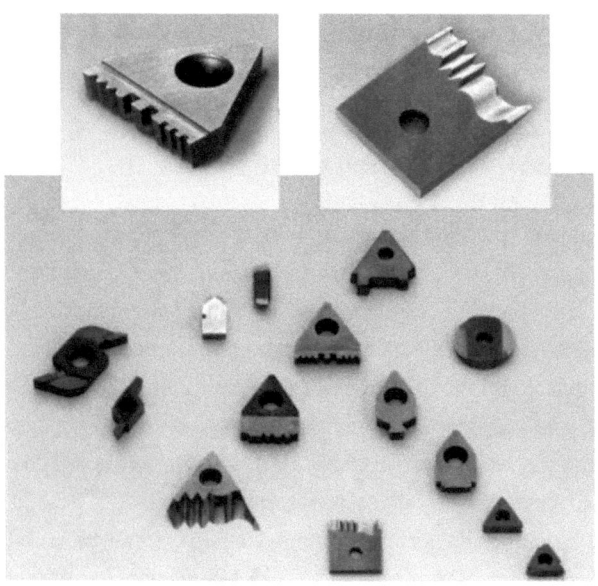

б) Керамические турбинные лопатки [21]

в) Детали из твердого сплава, обрабатываемые на универсальных и станках с ЧПУ [22]

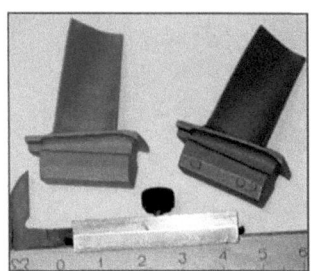

Рис. 1. Изделия из ТХМ

Эти детали имеют средние или низкие требования по точности изготовления размеров и высокие требования [2, 5, 14] по качеству изготовления рабочих поверхностей: шероховатость поверхности по критерию Ra ≤ 0,03 мкм, отклонение от плоскостности и глубина дефектного слоя – менее 1 мкм.

Одним из главных показателей качества поверхностного слоя керамических деталей является глубина трещиноватого слоя. Она оказывает большое влияние на электротехнические и трибологические характеристики деталей.

2. ОБОРУДОВАНИЕ ДЛЯ ИЗГОТОВЛЕНИЯ ДЕТАЛЕЙ ИЗ ТХМ

Ввиду высокой твердости керамических заготовок их можно производительно шлифовать только алмазным инструментом. Основными трудностями при разработке технологических процессов алмазной обработки таких заготовок являются: обеспечение высокой интенсивности съема материала и получение требуемого качества деталей. Проблема повышения интенсивности съема материала вызвана необходимостью снятия больших припусков, значения которых достигают иногда нескольких миллиметров. Обеспечение требований по качеству деталей осложняется хрупкостью материала.

Приведем фотографии алмазно-шлифовальных станков с ЧПУ, используемых для обработки сложных деталей из ТХМ. Например, станок модели WENDT HAAS MULTIGRINDAF 90® (рис. 2).

Рис. 2. Алмазно-шлифовальный станок для обработки мелких деталей типа режущие пластины инструментов из ТХМ с автоматической загрузкой заготовок [23]

а) *б)*

Рис. 3. Станок Hawemat 2000/5 Eco: *а* – общий вид; *б* – рабочая зона станка
для производства и перетачивания фрез и сверл [23]

Пятиосевой станок (рис. 3) с ЧПУ Hawemat 2000/5 Eco для производства режущего инструмента предназначен для экономически эффективного производства режущего инструмента и перетачивания быстрорежущих и твердосплавных стандартных фрез (цилиндрических, конических, сферических, с радиусом при вершине, с плоским торцом) и сверл (четыре разных вида исполнения режущей части), а также ступенчатых сверл – до трех ступеней. Технические характеристики станка [23]:

Максимальные размеры заготовки

Максимальная длина заготовки	250 мм
Максимальная обрабатываемая длина заготовки	220 мм
Максимальный обрабатываемый диаметр заготовки (гарантированный)	120 мм
Максимальный обрабатываемый диаметр заготовки (в зависимости от типа инструмента)	220 мм

Измерительная система

Измерение инструмента	Измерительный щуп 3D Renishaw
Измерение шлифовального круга	Измерительный щуп 3D Renishaw

Привод шпинделя (прямой привод)

Высокопрецизионный двигатель с водяным охлаждением	Мощность: 5,5 кВт
Бесступенчатое программное регулирование скорости	0–9000 об/мин

Шлифовальные круги

Максимальный диаметр	125 мм
Количество шлифовальных кругов на одной оправке	От 1 до 3
Программно-контролируемая подача СОЖ	3 сопла

Перемещения осей

Продольная ось X	300 мм
Поперечная ось Z	170 мм
Вертикальная ось Y	250 мм
Разрешение по осям XYZ	0,0001 мм
Скорость по осям XYZ	15 м/мин
Ось C	360°
Разрешение по оси C	0,0001 мм
Скорость по оси C	66 об/мин
Поворотная ось B	210°
Скорость по оси B	112 °/с

Пятикоординатный шлифовальный станок с ЧПУ модели SK 25 (рис. 4) российско-германского предприятия КП-ЭМАГ предназначен для шлифования и полирования многих поверхностей за один установ. При этом выполняется комплексный многофункциональный спектр обработки: некруглое шлифование поверхности типа "торцовые кулачки"; круглое шлифование (внутреннее и наружное); плоское шлифование; шлифование канавок; полировка.

Рис. 4. Станок с ЧПУ модели SK 25 для шлифования и полирования
многих поверхностей за один установ [24]

Универсальный заточной станок с ЧПУ LUREN LHG-3040 (рис. 5) предназначен для заточки режущего инструмента из твердого сплава, керамик и прочего, а также может обрабатывать прямые, винтовые и любые другие типы поверхностей. Работает абразивным и алмазным инструментами. Улучшенный интерфейс программного обеспечения не требует высокой квалификации инженера и оператора (рис. 6).

а)

б)

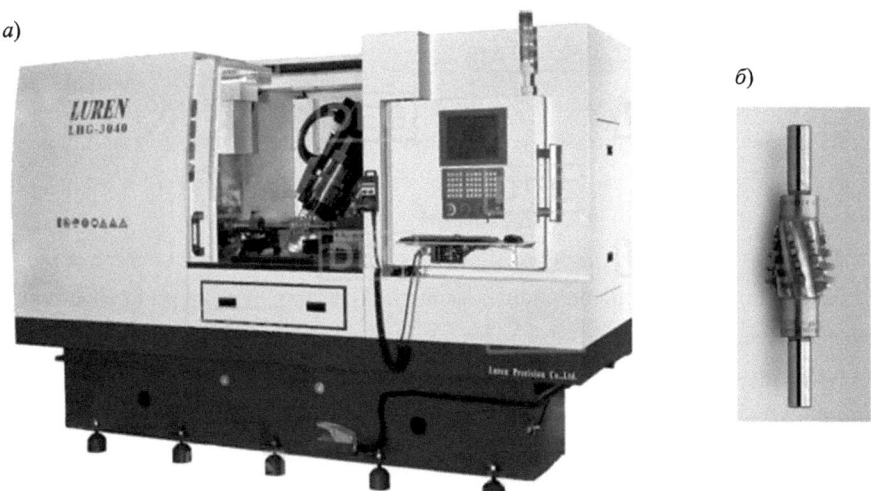

Рис. 5. Шлифовальный станок с ЧПУ LUREN LHG-3040 (*а*)
и изготовленное на станке изделие (*б*) [25]

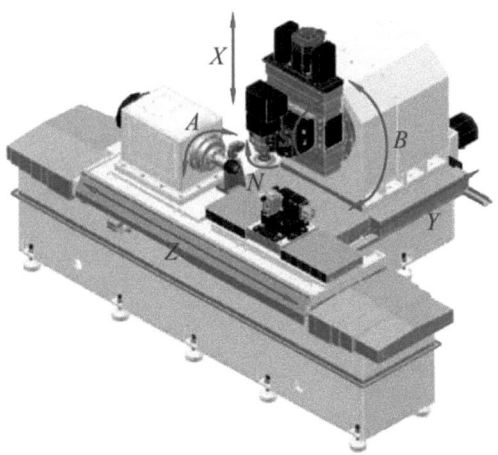

Рис. 6. Компоновка станка с ЧПУ LUREN LHG-3040 [25]

9

Ось X – вертикальное перемещение шлифовального шпинделя (серво-привод);

Ось Y – поперечное перемещение шлифовальной бабки (сервопривод);

Ось Z – продольное перемещение стола (линейный двигатель);

Ось N – вращение шлифовального шпинделя (инвертор);

Ось A – вращение шпиндельной бабки (сервопривод);

Ось B – поворот шлифовального шпинделя (сервопривод);

Ось S – поворот шлифовального шпинделя (ручная настройка).

Шлифовальные станки имеют надежную защиту направляющих от попадания на них абразивной или алмазной пыли из-за износа, обкалывания и выпадения зерен абразива в процессе шлифования.

Фирмами Европы, Америки, Японии выпускается специализированное, многоцелевое, универсальное оборудование с ЧПУ для обработки призматических и корпусных металлических и керамических заготовок для различных машин и режущих пластин инструментов из керамик и твердого сплава. Обработка таких заготовок производится обычным абразивным и алмазным инструментами.

Алмазно-шлифовальные станки моделей СПШП1 и 3111 (рис. 7) предназначены для алмазного шлифования и доводки пластин из керамики и других хрупких материалов (приведенные далее результаты исследований получены на этих станках).

а)   *б)*

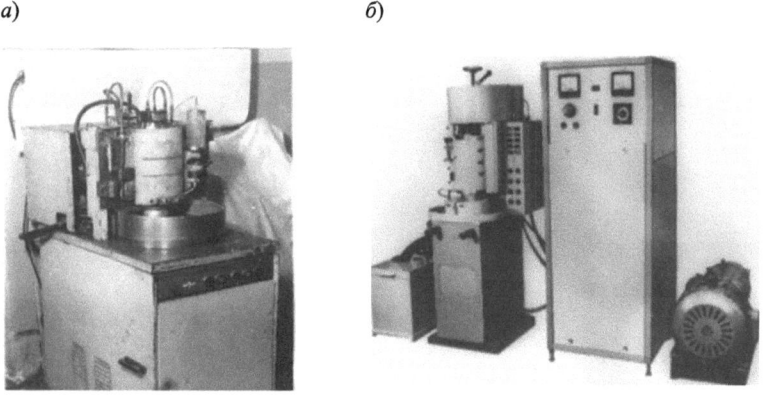

Рис. 7. Скоростной ($V \leq 100$ м/с) станок (*а*) СПШП1 и полуавтомат (*б*) 3111

При изготовлении деталей из хрупких высокотвердых материалов возникает ряд существенных проблем: сквозное растрескивание заготовок; большой процент брака из-за невыполнения жестких требований к точности размеров, шероховатости поверхностей; неэкономичный расход дефицитных материалов, невысокая производительность технологий и т. п. Используемое отечественное специализированное оборудование также обладает рядом недостатков, главными из которых являются низкая производительность и уровень автоматизации. В то же время существуют известные прогрессивные методы обработки, не реализованные в имеющемся оборудовании.

Для успешного решения задач, возникающих при изготовлении деталей из ТХМ, необходимо комплексное исследование процессов абразивно-алмазной обработки, результатом которого будут повышение эффективности технологий и создание высокопроизводительного эффективного оборудования.

Недостатки существующих технологий обработки

Недостаточно высокое качество обработанных поверхностей, наличие трещиноватого поверхностного слоя.

Значительная глубина трещиноватого слоя, растрескивание заготовок.

Большой процент брака при изготовлении керамических изделий, сколы краев заготовок.

Многопереходность для получения качественной поверхности.

Применение разных схем, методов и видов обработки.

Необходимость использования дорогостоящего специализированного оборудования и создания новых инструментов и приспособлений.

Низкая производительность существующих технологий.

Низкая стойкость кругов.

3. МОДЕЛИРОВАНИЕ ПРОЦЕССОВ АЛМАЗНОГО ШЛИФОВАНИЯ. ДЕФЕКТЫ НА ОБРАБОТАННЫХ ПОВЕРХНОСТЯХ ДЕТАЛЕЙ

Специфика алмазного шлифования ТХМ состоит в том, что на разных операциях припуски различаются в несколько раз. При черновом шлифовании толщина снимаемого слоя составляет десятые доли и даже несколько миллиметров. Задача чистового шлифования – снятие дефектного слоя, образовавшегося на предыдущем этапе, и придание детали необходимой геометрической формы. Доводка обеспечивает необходимое качество поверхности, точность размеров и формы [2]. При шлифовании поверхностей керамических заготовок процесс съема материала происходит путем вдавливания каждого алмазного зерна на некоторую глубину и его продольного сдвига. В результате воздействия зерен круга на микрообъемы материала на поверхности заготовок образуются риски-борозды, под поверхностью которых появляются трещины на глубину l (растрескивание под действием механических нагрузок).

Наличие внутренних дефектов (дислокаций, вакансий, пор, щелей, трещин) и их взаимодействие с дефектами, появившимися при приложении нагрузки, способствует разрушению многофазной поликристаллической керамики. Современной наукой установлено, что характер разрушения керамики (хрупкий, квазихрупкий и пластичный) связан с законами поведения дислокаций и трещин, присутствие которых снижает способность материала сопротивляться деформирующим и разрушающим нагрузкам. При нормальной и более низкой температуре [7] керамики разрушаются хрупко, только отдельные виды ТХМ пластичны при любых температурах. При температуре $(0,5-0,6)T_{пл}$ происходит квазихрупкое разрушение керамики. Возрастает подвижность дислокаций, происходит релаксация напряжений в результате действия механизма диффузии ионов, миграции вакансий из областей сжатия в область растяжения. В поликристаллических материалах границы зерен затрудняют скольжение дислокаций. Некоторые виды керамик могут разрушаться квазихрупко при нормальных температурах. При температуре выше $0,6T_{пл}$ квазихрупкие и хрупкие керамики становятся пластичными. Данное описание различных видов разрушения керамики относится к одноосному сжатию и растяжению образцов. При достаточно высоких гидростатических давлениях и при деформировании высоким давлением пластичность материала резко увеличивается.

В работах [3, 7, 11, 15–18] изучалось разрушение керамики 22ХС, кварца, стекла, феррита, кремния единичным алмазным зерном-индентором в форме конуса с углом при вершине 110° и постоянным радиусом. Применялась схема периферийного шлифования с глубиной врезания 0–15 мкм и скоростью 30 м/с. По данным исследований, при глубине внедрения меньше 2 мкм канавка образуется путем пластического деформирования, при глубине больше 2 мкм – путем хрупкого разрушения с образованием сколов и трещин. На основе этого был сделан вывод об установлении определенных границ глубин резания при черновом и чистовом шлифовании.

Большое практическое значение имеет построение моделей, включающих в себя описание топографии рабочей поверхности шлифовального круга, описание кинематических характеристик процесса шлифования, зависимости от силы резания и температуры шлифования, а также износа шлифовального круга. Математическая модель процесса шлифования [12, 13], построенная на основе закономерностей процесса контакта единичного зерна с заготовкой, позволяет определять такие характеристики процесса обработки, как сила резания, потребляемая мощность, шероховатость обработанной поверхности, температура в окрестности абразивного зерна и в зоне резания, радиальный износ шлифовального круга и т. п.

Из многочисленных теоретико-экспериментальных моделей и результатов исследований следует:

процесс микроразрушения микрообъемов материала на поверхности керамических заготовок при шлифовании и доводке является очень сложным; нет модели, которая однозначно описывала бы этот процесс и являлась бы практически пригодной технологам для обеспечения заданной производительности процесса и качества поверхности деталей;

доказано, что в микрообъемах керамика может разрушаться хрупко, квазихрупко и упругопластично;

литературные данные свидетельствуют о доминировании в процессе микроразрушения керамики алмазным зерном силового фактора;

многие модели взаимодействия зерна круга (или индентора) с поверхностью керамической заготовки не формализованы до уровня новой конструкции инструмента, оснастки, способа шлифования, что снижает их практическую значимость;

очень мало моделей и результатов исследований получено для высокопрочных керамик, например, нитрида кремния Si_3N_4 и карбида кремния SiC.

Научно-технический прогноз развития машиностроения в мире свидетельствует о существенном росте применения вместо металлов конструкционных ТХМ, которые должны отвечать высоким механическим, термическим и трибологическим требованиям. Проектирование эффективных технологий получения деталей из ТХМ нуждается в инженерном расчете [6–20]. Поэтому новые теоретические, методические и технические решения для производительной, бездефектной и качественной алмазной обработки керамических заготовок представляют собой актуальную научно-техническую разработку, обеспечивающую решение важной прикладной задачи.

При выполнении исследований ставилась цель разработать теоретические и технические решения повышения эффективности чернового и чистового шлифования алмазными кругами на станках с ЧПУ, предложить рекомендации для реализации эффективных технологий изготовления качественных деталей из ТХМ. Сформулированы следующие задачи исследований.

1. Создать феноменологические и математические модели площадки контакта круга с заготовкой, плотности зерен алмазного круга на глубине профиля ($\Delta 1$, $\Delta 2$), числа работающих зерен на площадке контакта, режущей способности кругов.

2. На основе математических моделей и полученных экспериментально зависимостей разработать алгоритм управления показателями эффективности шлифовальных операций.

4. ПЛОТНОСТЬ $N_{[0, \Delta 2]}$ ЗЕРЕН КРУГА НА ГЛУБИНЕ ПРОФИЛЯ $[0, \Delta 2]$

Исследования выборок зерен синтетического алмаза [3] показали отношения $l/D2$ длин l зерен к размеру $D2$ ячеи сита основной фракции зернистости [$D1/D2 = 100/80$]. Авторы работ [1, 8] пришли к выводу о целесообразности аппроксимации режущих вершин зерен параболоидами вращения и вычисляли количество зерен в 1 карате и в кругах 100%-ной концентрации. Плотности нормального распределения зерен определяли по формулам:

$$\varphi_l(x) = \left(\frac{1}{\sigma_l \sqrt{2\pi}} \right) e^{-\frac{1}{2}\left(\frac{x-\bar{l}}{\sigma_l} \right)^2}; \tag{1}$$

$$\varphi_b(x) = \left(\frac{1}{\sigma_b \sqrt{2\pi}} \right) e^{-\frac{1}{2}\left(\frac{x-\bar{b}}{\sigma_b} \right)^2}. \tag{2}$$

Функции распределения размеров зерен:

$$\Phi_l(x) = \left(\frac{1}{\sigma_l \sqrt{2\pi}} \right) \int_{-\infty}^{x} e^{-\frac{1}{2}\left(\frac{x-\bar{l}}{\sigma_l} \right)^2} dt; \tag{3}$$

$$\Phi_b(x) = \left(\frac{1}{\sigma_b \sqrt{2\pi}} \right) \int_{-\infty}^{x} e^{-\frac{1}{2}\left(\frac{x-\bar{b}}{\sigma_b} \right)^2} dt. \tag{4}$$

Для оценки среднеквадратического отклонения размеров зерен используется величина

$$\sigma_l \approx \left[(1,25)^2 \overline{l} - \overline{l} / 1,25 \right] / 6 \approx 0,127 \overline{l}. \qquad (5)$$

Согласно ГОСТ 9206–80 помимо основной фракции (70 %) зерен $D2$ в порошке присутствуют фракции: очень крупная (12 %) – $D0$, крупная (15 %) – $D1$, мелкая (3 %) – $D3$.

В алмазосодержащем пространстве кругов центры зерен распределены равновероятно (рис. 8). Продольные оси зерен относительно оси Y, нормальной к обрабатываемой поверхности, расположены под углом $\Psi \in \left[-\dfrac{\pi}{2}, \dfrac{\pi}{2} \right]$.

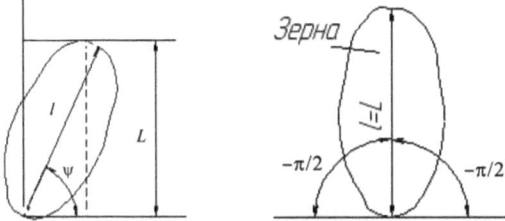

Рис. 8. Положение зерен в абразивном пространстве круга.
Ось X перпендикулярна к шлифуемой поверхности

Найдем функцию распределения $F_L(x)$ высот зерен в алмазосодержащем пространстве. По определению $F_L(x)$ – это вероятность того, что L меньше x:

$$F_L(x) = F_l(x) + F_1(x), \qquad (6)$$

где $F_l(x) = \left(1 / \sqrt{2\pi} \sigma_l \right) \int_{-\infty}^{x} e^{-\frac{1}{2} \left(\frac{x - \overline{l}}{\sigma_l} \right)^2} dt$ – функция нормального распределения случайной величины l; $F_1(x) = K \left(1 / \sqrt{1 - \alpha^2} \right) \int_{x}^{x/\alpha} \sqrt{(x / t)^2 - \alpha^2} \, e^{-\frac{1}{2} \left(\frac{t - \overline{l}}{\sigma_l} \right)^2} dt$ – функция, учитывающая наклон величины l к оси Y.

Область интегрирования показана на рис. 9.

На рис. 10, 11 изображены графики распределения функций $F_l(x)$, $F_1(x)$ и общей функции $F_L(x)$. Функция $F_1(x)$ в точках $\overline{l} + 3\sigma_l$, $\overline{l} + 2\sigma_l$, $\overline{l} + \sigma_l$, $\overline{l}$, $\overline{l} - \sigma_l$, $\overline{l} - 2\sigma_l$, $\overline{l} - 3\sigma_l$ составляет от общей функции $F_L(x)$, соответственно, %: 0,129; 2,12; 14,44; 45,17; 78,22; 94,46; 98,74. Для всех зернистостей в рассматриваемых точках по оси X функции $F_l(x)$ и $F_1(x)$ имеют постоянные значения.

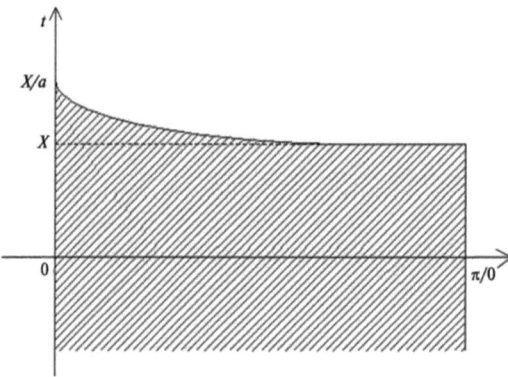

Рис. 9. Область интегрирования функции $F_1(x)$

Рабочая область кругов представляет собой связку с равномерно распределенными в ней алмазными зернами. Пусть N_0 – общее количество зерен алмазосодержащего пространства толщиной $[0, d]$ (см. рис. 11). Математическое ожидание числа зерен [7], вершины которых находятся над поверхностью связки:

$$N_{[0, \Delta 2]} = N_0 P_{[0, \Delta 2]}, \tag{7}$$

где $P_{[0, \Delta 2]}$ – вероятность того, что зерно не выпадет из связки, а его вершина попадет в слой $[0, \Delta 2]$:

$$P_{[0, \Delta 2]} = \frac{1-\varepsilon}{d} \int_0^{\Delta 2/(1-\varepsilon)} (1 - F_L(x)) dx. \tag{8}$$

Из (7) и (8) следует, что математическое ожидание числа зерен на 1 мм^2 режущей поверхности

$$N_{[0, \Delta 2]} = N_1(1-\varepsilon) \int_0^{\Delta 2/(1-\varepsilon)} (1 - F_L(x)) dx, \tag{9}$$

где N_1 – среднее число зерен в 1 мм^3 алмазосодержащего пространства (табл. 1).

Количество зерен на единицу площади круга, или плотность зерен, вершины которых находятся в слое $\Delta 2$–$\Delta 1$ абразивного рельефа, обозначаемого далее $[\Delta 1, \Delta 2]$, можно вычислить по формуле:

$$N_{[\Delta 1, \Delta 2]} = N_{[0, \Delta 2]} - N_{[0, \Delta 1]} = N_1(1-\varepsilon) \int_{\Delta 1/(1-\varepsilon)}^{\Delta 2/(1-\varepsilon)} (1 - F_L(x)) dx. \tag{10}$$

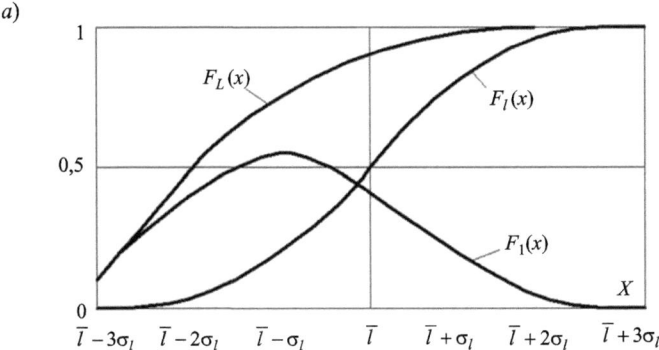

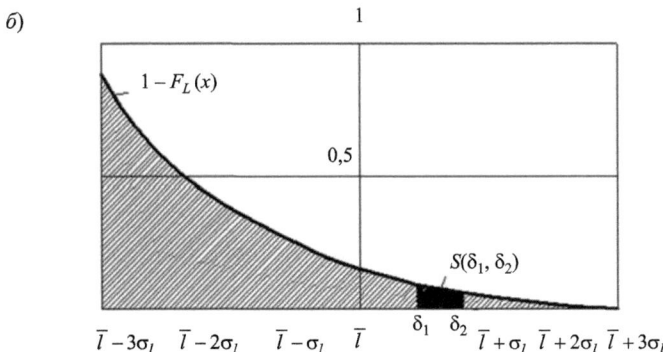

Рис. 10. Графики распределения функций $F_L(x)$, $F_1(x)$ (*а*) и общей функции $1 - F_L(x)$ (*б*)

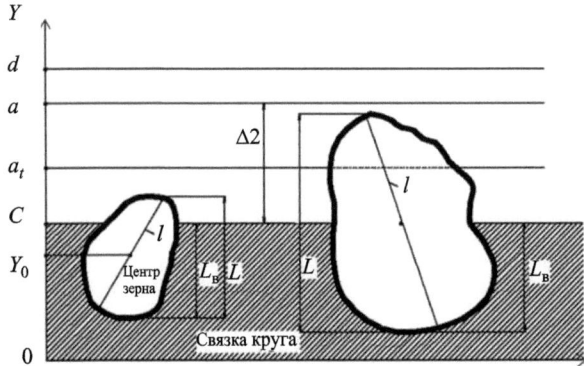

Рис. 11. Схема расположения зерен связки круга

Среднее число [3] зерен в 1 мм³ алмазосодержащего пространства круга

Зернистость круга	Марка алмазов				
	Среднее число зерен в 1 мм³				
	АС2	АС4	АС6	АС8	АС12
160/125	158	143	128	124	119
125/100	287	263	238	231	222
100/80	519	484	440	432	413
80/63	937	889	818	805	770
63/50	1698	1637	1522	1500	1434
50/40	3076	3014	2834	2798	2666

Для расчета плотности зерен алмазосодержащего пространства была использована программа MatCad V14. Расчеты проводились для кругов различных зернистостей и разной марки алмазов. По результатам расчета были построены графики зависимости плотности зерен от различных показателей, наиболее влияющих на плотность зерен: марка алмазов, зернистость и толщина слоя (рис. 12). Из графиков следует: чем выше зернистость, тем плотность зерен ниже. Также у кругов с алмазами марки АС2 плотность больше, чем у кругов с алмазами марки АС8.

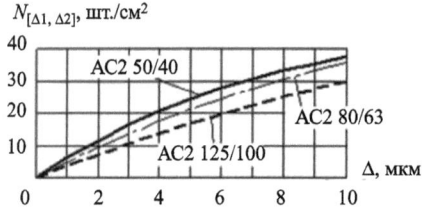

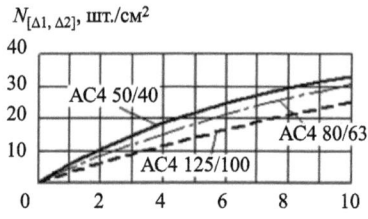

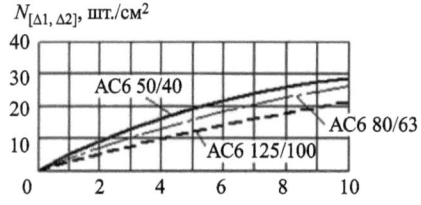

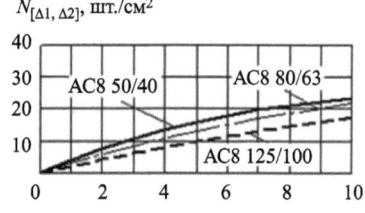

Рис. 12. Расчетные значения плотности зерен $N_{[\Delta1, \Delta2]}$ в слое [$\Delta1, \Delta2$]

Разработана модель плотности $N_{[\Delta1, \Delta2]}$ зерен алмазосодержащего пространства круга (зависимость (10)), а также выполнены расчеты для кругов с различными марками алмазов и зернистостью. Построены графики, которые отображают зависимость плотности от параметров круга. Эта модель была проверена экспериментально. Опыты показали, что погрешность разработанной методики расчета составляет не более 10 %. Модель имеет большую практическую ценность в связи с тем, что она позволяет вычислить режущую способность кругов, расчеты которой приведены далее (см. табл. 6).

5. ЧИСЛО РАБОТАЮЩИХ ЗЕРЕН КРУГА НА ПЛОЩАДКЕ КОНТАКТА

Расчет количества работающих зерен на площадке контакта круга с заготовкой представляет большой интерес в связи с тем, что такой расчет позволяет оценивать эффективность шлифования и оказывать на нее существенное влияние.

Была разработана математическая модель площади Sh контакта, а также построены графики, показывающие влияние размеров круга, заготовки и режимов резания на размеры площадки. Приведем пример расчета площадки контакта для круглого наружного шлифования.

Зависимость площади Sh (рис. 13) контакта кругов с цилиндрической заготовкой при наружном шлифовании от глубины внедрения t рассчитывается по формулам:

$$a_{\text{и}}(t) = t - \frac{R_{\text{и}}t - 0{,}5t^2}{r_{\text{з}} + R_{\text{и}} - t};$$

$$l(t) = 4\pi R_{\text{и}} \frac{\arctg\left[\sqrt{\frac{1}{\left[\frac{R_{\text{и}} - a_{\text{и}}(t)}{R_{\text{и}}}\right]^2} - 1}\right]}{360°};$$

$$Sh = l(t)\frac{V_{\text{ос}}}{n_{\text{з}}},$$

где $V_{\text{ос}}$ – осевая подача; $n_{\text{з}}$ – частота вращения заготовки; $R_{\text{и}}$, $r_{\text{з}}$ – радиус инструмента и заготовки.

19

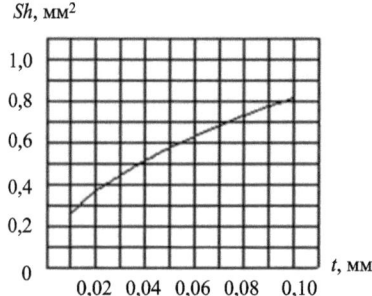

Рис. 13. Зависимость расчетной площади контакта Sh круга от глубины внедрения t зерен в материал заготовки при наружном шлифовании кругом 1А1 200×20×32 АС4 160/125 М1-100

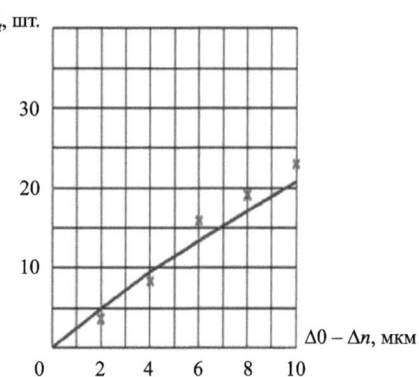

Рис. 14. Количество работающих зерен при погружении режущего профиля круга 100/80 в материал заготовки на глубину от 0 до 10 мкм

Количество режущих зерен круга (рис. 14), находящихся в любое мгновение в контакте с обрабатываемой поверхностью заготовки, определяется по формуле:

$$N_t = N_{[\Delta n-1,\,\Delta n]} Sh \text{ шт.} \qquad (11)$$

Число N_t зависит от параметров алмазного круга и площади Sh контакта. Результаты расчетов сведены в табл. 2, и построены графики для кругов 1А1 200×20×32 АС4 160/125 М1-100.

Разработка зависимостей (1)–(11), позволяющих вычислять параметры алмазных кругов для разных условий шлифования (плотность зерен, шт./мм²; количество режущих зерен на площади контакта круга с заготовкой и др.), открывает путь к управлению технологией алмазного шлифования ТХМ.

Таблица 2

Количество работающих зерен N_t, шт./мм², у круга 1А1 200×20×32 АС4 160/125 М1-100 в глубине профиля $\Delta 1$–Δn, мкм

Показатель	Значение									
Толщина слоя $\Delta 1$–Δn, мкм	0–1	0–2	0–3	0–4	0–5	0–6	0–7	0–8	0–9	0–10
Наружное шлифование N_t, шт./мм²	2,52	4,92	7,21	9,4	11,5	13,5	15,4	17,2	18,9	20,5

6. ЭФФЕКТИВНОСТЬ ШЛИФОВАНИЯ ЗАГОТОВОК ИЗ ТХМ

Алмазное шлифование керамики, твердого сплава кругами цилиндрической формы 1А1 и чашечного типа 12А2-45 производится, как правило, в две стадии – черновую и чистовую.

Черновое шлифование применяется для производительного съема основного припуска. У крупных керамических заготовок он может быть равен 2–3 мм, у мелких – меньше 0,5 мм. Точностные требования при черновом шлифовании невысокие. Эффективность чернового шлифования оценивают различными показателями: производительностью – объемом сошлифованной керамики в единицу времени, коэффициентом режущей способности кругов, коэффициентом шлифования, износом кругов, эффективной мощностью и удельной работой шлифования. Черновое шлифование производится, как правило, кругами на металлических связках, стойкость которых в зависимости от их типоразмеров варьирует от нескольких минут до нескольких месяцев. В промышленности преимущественно по производительности определяют эффективность чернового шлифования.

При чистовом шлифовании с возможно высокой производительностью требуется обеспечить заданную точность размеров и формы, качество поверхности. Энергетические затраты при чистовом шлифовании невысокие. Помимо производительности эффективность шлифования оценивается величиной разрушенного дефектного поверхностного слоя материала, шероховатостью Ra поверхности, величиной сколов краев деталей. У деталей, не подлежащих полированию, после чистового шлифования проверяется шероховатость поверхности, наличие грубых рисок, царапин, сколов краев. У полируемых деталей помимо этого оценивается глубина дефектного слоя, определяющая припуск, а следовательно, и производительность полирования.

Сопоставление эффективности работы оборудования при черновом и чистовом шлифовании производилось по производительности съема материала при обеспечении требуемого качества деталей. Интенсивность, или производительность съема керамики выбранным алмазным инструментом, определяется режимными параметрами. В табл. 3 представлены расчетные формулы производительности шлифования для различного оборудования.

Как указано ранее, алмазное шлифование керамики кругами формы 1А1 и 12А2-45 АЧК производится, как правило, в две стадии – черновую и чистовую.

Зависимости для расчета производительности шлифования на различных станках

Модели станков	Режимные параметры	Формулы для расчета режущей способности, Q, см³/мин
3Г71, 3Б71М, 3Е711В, 3Б722	$V, V_з, t, V_{пр}$	$Q = K_1\, V_з\, t\, Sn$
3102А, 3104, 3105	$V, V_з, i_1, i_2, B$	$Q = K_2\, V_з\, (t_1 + t_2)\, BL = m\, (t_1 + t_2)\, BL$
3107, 3108, 3110	$V, V_з, t_1, B$	$Q = K_3\, V_з\, t_1\, B = m\, t_1\, BL$
МШ-259, Алмаз-70, СПШП-1	$V, V_з, t, B$	$Q = K_4\, V_з\, t\, B = m\, t\, BL$

Однако технологи не могут априори назначать режимы шлифования (глубину t шлифования за один ход, продольную $V_{пр}$ подачу, скорость V шлифования, скорость $V_з$ заготовки); коэффициенты соответствия K_1–K_4; глубины t шлифования и другие параметры, при которых выбранный алмазный круг способен снимать назначенный припуск за один ход заготовки относительно круга и обеспечивать допуск на глубину дефектного поверхностного слоя материала; шероховатость Ra поверхности; величину сколов краев деталей. Износ зерен алмазных кругов существенно изменяет допустимые режимные параметры шлифования. При износе зерен круга изменяется плотность зерен (шт./мм²) на режущей поверхности, а следовательно, режущая способность Q кругов. Для эффективного управления процессом шлифования керамических заготовок актуальны прогнозирование состояния круга в любой момент времени и вычисление необходимых воздействий на процесс шлифования с целью стабилизации режущей способности алмазных кругов.

7. ИЗНОС КОНТАКТНОЙ ПОВЕРХНОСТИ ЗЕРЕН КРУГА ПРИ ШЛИФОВАНИИ ЗАГОТОВОК

В литературе [2–4] описаны следующие разрушения контактных поверхностей алмазных зерен при резании металлов, стеклопластиков, хрупких материалов: тепловое, графитизация, эвтектоидное оплавление, химическое, окислительное, диффузионное, абразивное, механическое и др. В конкретных условиях шлифования один вид износа может преобладать над другим. При упругопластическом разрушении поверхности заготовок зерна круга оставляют риски-борозды с гладкими берегами и дном. При квазихрупком и хрупком разрушениях дно и берега покрыты выколами, ямками. Ямки были заполнены диспергированным материалом, по которому скользили площадки износа зерен с контактным давлением σ_3 (рис. 15). Плотность теплового потока на контактной поверхности $\omega = f\sigma_3 V$, где f – коэффициент трения. У алмазов коэффициенты тепло- и температуропроводности $\lambda = 147$, $\alpha = 83 \cdot 10^{-6}$, у керамик – $\lambda = 1$–20 Вт/м $\cdot$ K, $\alpha = (1$–10$) \cdot 10^{-6}$ м^2/с. Доля b_a тепла, идущего в алмаз, равна 0,52–0,85, а в керамику – $b_k = 1 - b_a$. При любом давлении σ_3 и скорости V алмазного круга оплавления керамики по дну борозды не может произойти, так как температура плавления исследуемых заготовок 2023–2323 К, а снижение микротвердости поверхности алмаза со 100 до 20 ГПа происходит [4] при 1570, эвтектоидное оплавление [3] контактной поверхности – при 1370–1590, графитизация алмазной поверхности – при 1320 К [7]. Сначала произойдет, вероятно, образование площадки износа на зернах, а затем оплавление поверхности заготовок. Каждая точка поверхности заготовок, относительно которой со скоростью V перемещается площадка износа, испытывает при шлифовании или доводке локальный нагрев [8]. При установившемся процессе шлифования зерна круга перерезают выступы между рисками-бороздами от предшествующих проходов.

В зависимости от глубины внедрения зерна в материал и его относительной скорости длительность непрерывного контакта площадки износа с материалом варьирует от 10^{-5} до 10^{-2} с. На поверхности площадок зерен, имеющих наибольшую глубину внедрения, устанавливается в пределах контакта с одним шероховатым выступом стационарное тепловое состояние [6]. Это состояние прерывается во впадинах борозд и промежутках между заготовками. Качественную картину возникновения высокой температуры на контактных поверхностях зерен наблюдали в следующих опытах. Находясь в темной комнате и чиркая со скоростью $V \approx 1$ м/с алмазным зерном по шлифованным поверхностям заготовок из керамик титаносодержащей и 22ХС, наблюдали, в зависимости от силы прижима, свечение подвижной зоны контакта от красного до белого цвета. Мокрое или сухое состояние поверхности заготовки на свечение не оказывает влияния. Многократное чирканье по заготовке шириной 60 мм не вызвало образования заметной площадки износа. Видимо, требуется достаточно большой пройденный путь по поверхности заготовки. При шлифовании керамики 22ХС с хорошей теплопроводностью острым кругом с расходом СОЖ, равным 6 дм^3/мин, при скорости 90 м/с, силе 120–250 Н наблюдали интенсивное свечение зоны контакта круга с заготовками в течение 10–60 с. Затем свечение прекращалось. Этот момент соответствует зоне $И_н^{II}$ перегиба начального и нормального участков на кривых износа зерен кругов

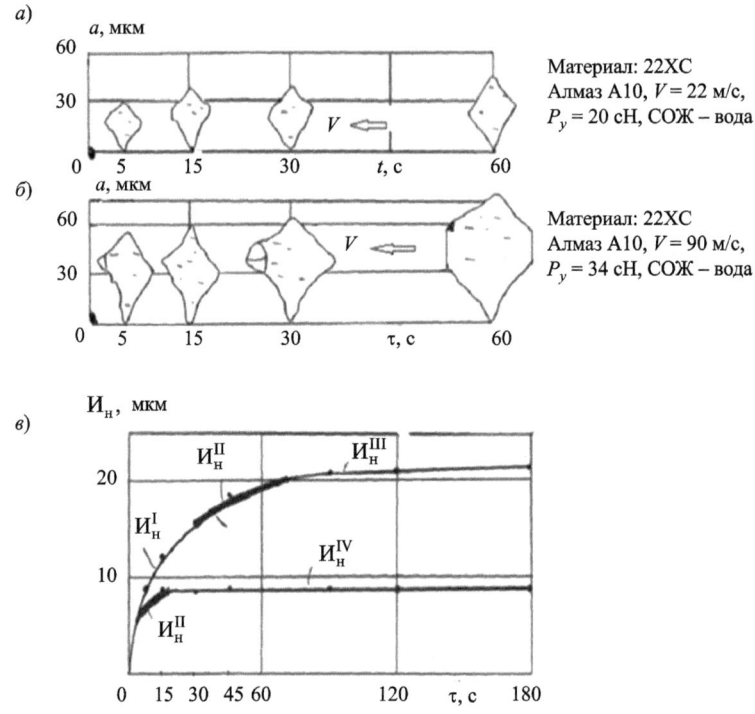

Рис. 15. Износ зерен алмаза (*а* и *б*) от времени скольжения по поверхности керамики 22ХС и график износа (*в*) к рис. 15, *а*. Состав керамики 22ХС, %: $Al_2O_3 - 94,4$; $SiO_2 - 2,76$; $Cr_2O_3 - 0,49$; $MgO - 2,35$

(см. рис. 15, *в*). Прямое измерение температуры поверхности площадки износа алмазных зерен кругов зернистостью 125/100–40/28 практически невозможно. Однако целесообразно получение зависимости температуры на контактной поверхности алмазных зерен с целью оценки значения давлений σ_3 на задней поверхности, приводящих к их изнашиванию.

Анализ литературных источников [1–5] и других показал отсутствие математических моделей для вычисления износа вершин алмазных зерен в кругах при шлифовании твердых хрупких материалов, которые пригодны для определения критических давлений и плотностей теплового потока на площадках контакта зерен с заготовкой, вызывающих интенсивный износ вершин алмазных зерен.

Стационарная температура алмазных зерен, аппроксимированных эквивалентными цилиндрами радиуса r_0, боковая поверхность которых охлаждается потоком СОЖ-воды с температурой 373,15 К, с торцовой поверхностью, контактирующей с заготовкой, получена при следующих граничных условиях:

$$T\big|_{r=0} \text{ – ограничена; } \frac{\partial T}{\partial n} + \frac{\alpha_*}{\lambda_\alpha}T\big|_{r=r_0} = 0; \ T\big|_{z=+\infty} \text{ – ограничена; } \frac{\partial T}{\partial z}\bigg|_{z=0} = -\frac{\omega_{p\alpha}}{\lambda_\alpha}.$$

При этих условиях температурное поле зерна [6, 14] описывается дифференциальным уравнением $\left(\dfrac{1}{r}\right)\left(\dfrac{\partial T}{\partial r}\right)\left(r\dfrac{\partial T}{\partial r}\right) + \dfrac{\partial^2 T}{\partial z^2} = 0.$ Уравнение имеет известное [14] решение в виде суммы $T = \sum\limits_{n=1}^{\infty} C_n \exp\left[-\dfrac{\gamma_n z}{r_0}\right] I_0\left(\dfrac{\gamma_n r}{r_0}\right)$, где γ_n – положительные корни трансцендентного уравнения $\left(\alpha\dfrac{r_0}{\lambda_\alpha}\right) I_0(\gamma_n') = \gamma_n' \cdot I_1(\gamma_n');$ γ_n' – приближенное значение корней уравнения, вычисляемое по асимптотикам первого $(\gamma_n') = \dfrac{\pi}{4} + \pi n$ и второго $(\gamma_n') = (\gamma_n') + (\Delta\gamma_n') = \dfrac{\pi}{4} + \left(\alpha_* \dfrac{r_0}{\lambda} - \dfrac{3}{8}\right) \bigg/ \left(\dfrac{\pi}{4} + \pi n\right)$ приближений.

Принимая $n = 1$, вычисляли второй корень трансцендентного уравнения. При вычислении корней ошибка γ_n равна $\gamma_{n-1} + 0(n^{-2})$ или $0(n^{-3})$, если $n \to \infty$. Например, при $n = 10$ ошибка $0 = \dfrac{1}{n^2} = 0{,}01$, т. е. 1 %; $I_0(\gamma_n)$ и $I_1(\gamma_n)$ – функции Бесселя нулевого и первого порядков. Удовлетворяя условию третьего рода, получим следующее выражение:

$$\sum_{n=1}^{\infty} C_n(\gamma_n / r_0) \, I_0(\gamma_n r / r_0) = \omega_{p\alpha} / \lambda_\alpha,$$

решением которого согласно [14] является

$$C_n = (2\omega_{p\alpha} r_0 / \lambda_\alpha) I_1(\gamma_n) / (\gamma_n^2 [I_0^2(\gamma_n) + I_1^2(\gamma_n)]).$$

Подставляя в уравнение температуры выражение C_n, получили

$$T(r,z) = (2\omega_{p\alpha} r_0 / \lambda_\alpha) \sum_{n=1}^{\infty} I_1(\gamma_n) I_0(\gamma_n r / r_0) \exp\left[-\frac{\gamma_n z}{r_0}\right] \bigg/ (\gamma_n^2 [I_0^2(\gamma_n) + I_1^2(\gamma_n)]).$$

Интегрируя это уравнение от 0 до r_0, получили значение средней температуры на контактной поверхности – торце и внутри по оси Z цилиндра: $T_{\text{ср}} = 2\pi \int\limits_0^{r_0} T_n(r) r dr / \pi r_0^2 = (2 / r_0^2) \int\limits_0^{r_0} T_n(r) r dr$, где функция $T_n(r) = I_0(\gamma_n r / r_0)$, а остальные члены в выражении $T(r, z)$, не зависящие от r, постоянны.

Принимая во внимание, что $\int r I_0(\gamma_n r / r_0) = (r_0 r / \gamma_n) I_1(\gamma_n r / r_0)$, после интегрирования функции $T_n(r)$ получили $T_{\text{ср}} = (2 / r_0^2) \int\limits_0^{r_0} I_0(\gamma_n r / r_0) r dr =$

$$= (2 / r_0^2)(r_0 r / \gamma_n) I_1(\gamma_n r / r_0)\big|_0^{r_0} = (2 / \gamma_n) I_1(\gamma_n).$$

Уравнение средней температуры после подстановки $T_{\text{ср}}$ в формулу

$$T(r,z) = (4\omega_{pa} r_0 / \lambda_\alpha) \sum_{n=1}^{\infty} I_1^2(\gamma_n) \exp\left[-\frac{\gamma_n z}{r_0}\right] \bigg/ \gamma_n^3 [I_0^2(\gamma_n) + I_1^2(\gamma_n)]).$$

Преобразовав трансцендентное уравнение к виду $I_0(\gamma_n) / I_1(\gamma_n) = \gamma_n \lambda_\alpha / (\alpha_* r_0)$ и подставив в уравнение $T(z)_{\text{ср}}$, получили окончательно:

$$T(z)_{\text{ср}} = (4\omega_{pa} r_0 / \lambda_\alpha) \sum_{n=1}^{\infty} \exp\left[-\frac{\gamma_n z}{r_0}\right] \bigg/ \gamma_n^3 [1 + (\gamma_n \lambda_\alpha / \alpha_* r_0)^2]).$$

Анализ полученного выражения для $T(z)_{\text{ср}}$ показывает, что при коэффициентах теплопроводности алмазов $\lambda_\alpha = 147$, Вт/м·К, теплообмена $\alpha_* = 10^4 - 10^5$ Вт/м²·К в зависимости от скорости омывания зерен СОЖ, радиуса $r_0 = 10^{-4} - 10^{-6}$ м выражение $\alpha_* r_0 / \lambda_\alpha$ изменяет свое значение от 0 до 1. При $r \to 0$ $\frac{\alpha_* r_0}{\lambda_\alpha} \to 0$. При $\frac{\alpha_* r_0}{\lambda_\alpha} = 0 - 1$ первые пять корней имеют значения в интервалах $\gamma_1 = 0 - 1,2558$, $\gamma_2 = 3,817 - 4,0795$, $\gamma_3 = 7,0156 - 7,1558$, $\gamma_4 = 10,1735 - 10,271$, $\gamma_5 = 13,3237 - 13,3984$.

При $n = 1$ на поверхности (торце) контакта ($z = 0$) цилиндра с заготовкой сумма $\sum\limits_{n=1}^{1} \exp\left[-\frac{\gamma_n 0}{r_0}\right] \bigg/ \gamma_n^3 [1 + \gamma_1 \lambda_\alpha / (\alpha_* r_0)^2]) \approx 0,4$, при $n \to \infty$ сумма стремится к 1, причем члены $n > 100$ имеют значащую цифру в четвертом знаке после запятой. Следовательно, достаточно вычислить сумму при $n = 100$. Наибольшее значение температуры на поверхности контакта $T(0)_{\text{ср}} = 4\omega_{pa} r_0 / \lambda_\alpha$.

Значение радиуса r_0 цилиндра, аппроксимирующего зерно, вычисляли из соображений равенства длин и объемов цилиндра и параболоида-зерна по формуле $r_0 = (r_{\text{н}}(\bar{l} + 3\sigma_l)^{1/2}$, где $r_{\text{н}}$ – начальный радиус вершины зерна; $\bar{l}$ и $3\sigma_l$ – средняя длина зерна и среднеквадратическая ошибка. Износ зерен на величину $И_{\text{н}}$ незначительно изменяет значение r_0 (менее 6 %).

Произведена опытная проверка адекватности зависимости $T(0)_{\text{ср}}$ реальным условиям контактирования алмазных зерен на установке резания единичными зернами. Вычисленное значение r_0 для испытанных заточенных зерен равно

$71 \cdot 10^{-6}$ м. Температуру на поверхности площадок износа определяли по формуле $T(0)_{\text{ср}} = 4b_a f \sigma_3 V r_0 / \lambda_\alpha$ и получили значения для изнашивания алмазов по сталям в диапазоне 900–1100 К, по керамикам – 1300–1500 К, а в среднем соответственно 1000 и 1400 К. В этих интервалах находятся указанные температуры графитизации, эвтектоидного оплавления, уменьшения микротвердости (см. рис. 15, в – зона $\text{И}_\text{н}^\text{I}$) площадок износа вершин зерен. Контактная поверхность (площадка) зерен является изнашиваемой границей. Решениями теплофизических задач трения с подвижной границей [3, 7, 13], т. е. абляцией (оплавлением и удалением оплавленного слоя), установлено, что при давлениях больше критического температура контактной границы постоянна из-за непрерывного удаления тонкого слоя с ее поверхности. От давления изменяется лишь скорость движения фронта оплавления. Аналогично (см. рис. 15, в) можно предположить, что в зоне $\text{И}_\text{н}^\text{I}$ износа зерен из-за давления, которое больше критического, происходит постоянное высокотемпературное изменение твердости тонкого поверхностного слоя на площадке износа и истирание его о поверхность керамических заготовок. В зоне $\text{И}_\text{н}^\text{II}$ давление снижается до критического и скорость изнашивания замедляется, в зоне $\text{И}_\text{н}^\text{III}$ давление становится меньше критического и изнашивание почти прекращается (см. рис. 15, в). Видимо, можно считать, что при шлифовании сталей средняя критическая температура, при которой происходит перемещение фронта (площадки) изнашивания зерен, равна 1000 К, а керамики – 1400 К.

В работах [4, 6] показано, что адгезионное взаимодействие углеродистых сталей с алмазом начинается при температуре $(0{,}4{-}0{,}5)T_{\text{пл}} = 710{-}1000$ К, а керамик – при температуре более $0{,}7T_{\text{пл}} = 1500{-}1700$ К. В зоне $\text{И}_\text{н}^\text{III}$ нормального износа зерен расчетная температура на площадке износа в зависимости от давления и скорости равна 400–900 К. Значения давления σ_3 (рис. 16, а) и плотности потока $\omega_{p\alpha}$ (см. рис. 16, б), вызывающие снижение твердости алмаза примерно в пять раз и продвижение контактной поверхности зерен вдоль координаты износа, вычислены по формулам:

$$\sigma_3 = T(0)_{\text{ср}} \frac{\lambda_\alpha}{4} b_a f \quad \text{и} \quad \omega_{p\alpha} = T(0)_{\text{ср}} \lambda_\alpha / (4r_0),$$

где $T(0)_{\text{ср}}$ – средняя температура движения фронта – контактной поверхности вдоль координаты износа.

Исходя из условия движения плоского источника по адиабатической поверхности [10] заготовки, вычисляли оценку плотности потока $\omega_{p\text{пл}}$, необходимую для начала оплавления тончайшего поверхностного слоя материала под зерном,

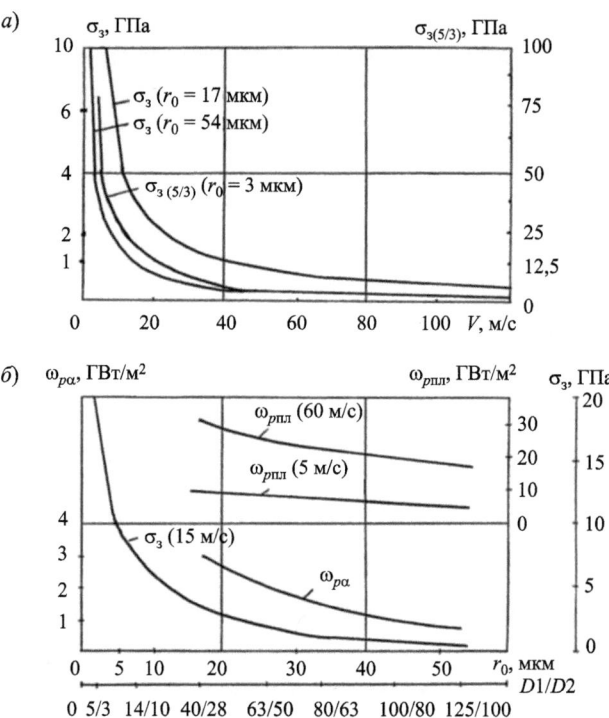

Рис. 16. Зависимости критического давления σ_3 (a) и плотности потока ω_{pa} (δ), вызывающие снижение микротвердости алмаза на площадке износа примерно в пять раз, плотности потока $\omega_{pпл}$ (δ), необходимой для оплавления керамики 22ХС под зерном, от скорости шлифования (a) и зернистости кругов (δ); r_0 – радиус эквивалентного цилиндра, соответствующий зернистости $D1/D2$; $\sigma_3(5/3)$ – давление на поверхности контакта зерна размером 5/3

по формуле $\omega_{pпл} = 1{,}33 T_{пл}\lambda_к / \sqrt{\alpha\tau}$, где $T_{пл}$ – температура плавления керамики; $\tau = 2r_0 / V$ – время действия источника.

На ось абсцисс (рис. 16, δ) нанесены значения радиусов r_0 цилиндров, эквивалентных зернам основной фракции алмазных кругов. Все кривые на графиках имеют вид обратно экспоненциальных зависимостей. Чем меньше зернистость алмазов в кругах, тем бóльшие требуются давление и плотность потоков для возникновения описанных процессов. При шлифовании керамики 22ХС со скоростями 30–80 м/с критическое давление σ_3 для кругов зернистостью 5/3 равно 10–

2,5, 40/28 – 1,5–0,8, 125/100 – 0,5–0,2 ГПа. Чем меньше размеры зерен, тем лучше они охлаждаются, следовательно, при более высоком значении давления σ_3 возникает критическая температура $T(0)_{кр}$.

Чем больше скорость шлифования, тем бóльшая требуется плотность потока $\omega_{pпл}$ для начала оплавления поверхности заготовки под зерном (рис. 16, б). Плотность потока $\omega_{pпл}$ в 3,3–20 раз больше плотности $\omega_{p\alpha}$ для представленных условий (см. рис. 16, б), следовательно, оплавление поверхности заготовки при шлифовании невозможно. Величины $\omega_{pпл}$ и $\omega_{p\alpha}$ становятся одинаковыми при скорости шлифования меньше 0,1 м/с.

Выводы. Полученные зависимости критического давления σ_3, плотности теплового потока $\omega_{p\alpha}$ и температуры $T(0)_{ср}$ на поверхности контакта алмазного зерна с поверхностью заготовки позволяют управлять режимными параметрами процесса алмазного шлифования хрупких твердых материалов по критерию – износ вершин зерен в круге. Формулы σ_3, $\omega_{pпл}$, $\omega_{p\alpha}$, $T(0)_{кр}$ включают в себя параметры круга – зернистость и марку алмаза r_0, технологические условия шлифования – вид смазки f, скорость шлифования V, силы резания, площадь контакта, плотность зерен (P_y, Sh, $N_{[0-t]}$) и др.

С этой целью в работе [14] приведены зависимости вычисления в пакете MatCad плотности (шт./см^2) зерен для кругов зернистости 160/125–50/40 и числа зерен на площади Sh (см^2) контакта круга с заготовкой. Износ вершин зерен алмазных кругов существенно влияет на глубину поверхностных трещин и размеры сколов краев заготовок.

8. РЕЖУЩАЯ СПОСОБНОСТЬ КРУГОВ ПРИ ШЛИФОВАНИИ ЗАГОТОВОК ИЗ ТХМ

В настоящее время не существует методик обоснованного расчета и назначения режимов резания при алмазном шлифовании твердых хрупких материалов типа керамика, твердый сплав, композиты и т. п. Общеизвестна кинематическая модель режущей способности круга формы 1А1, описываемая формулой $Q = tV_{1об}V_3$, мм^3/мин, где t, мм, – глубина резания; $V_{1об} = V_{пр/n3}$, мм /1 об, – продольная подача стола за 1 оборот заготовки; $V_3 = \pi d_3 n_3$, мм/мин, – окружная скорость заготовки.

Формула для Q справедлива, если зерна круга при назначенных режимах t, $V_{1об}$, V_3 успевают снять объемный припуск с заготовки. В противном случае в процессе резания возникают прижоги или сколы на поверхности заготовки, вибрации, засаливание круга. В табл. 4 (строки 1 и 2) приведен пример расчета режущей способности круга по формуле для Q. Строка 3 вычислена по формуле (см. 19-ю строку табл. 6), в которой используются параметры алмазного круга и режимы обработки.

Назначение наилучших режимов шлифования является неочевидной и сложной задачей, зависящей от свойств материала заготовки, характеристик круга, оборудования и квалификации рабочего.

Т а б л и ц а 4

Режущая способность Q круга

№ п/п	t, мм	$V_{1об}$, мм/1об	$V_{пр}$, мм/мин	$V_з$, мм/мин	$n_з$, об/мин	$d_з/d_и$, мм	Q, см³/мин
1	0,004	6	600	31416	100	100/300	0,754
2	0,003	3	300	31416	100	100/300	0,283
3	0,004	4,74	474	31416	100	100/300	0,595

П р и м е ч а н и я. $V_{пр}$ – продольная подача заготовки; $V_з$ – окружная скорость заготовки; $n_з$ – частота вращения заготовки; $d_з/d_и$ – диаметры заготовки и круга.

Управление процессом алмазного шлифования возможно при изучении взаимодействия зерен круга с поверхностью заготовки. Приведем сведения о разрушении зернами кругов материала заготовки и режущей способности алмазных кругов при шлифовании заготовок из хрупких твердых материалов.

Ниже приведены зависимости для вычисления режущей способности круга, учитывающие физическую возможность алмазных зерен разрушать поверхность заготовок с удалением припуска, которая позволяет вычислять реальные режимы бездефектной обработки заготовок из твердых хрупких материалов.

Рассмотрим режущую поверхность алмазного круга цилиндрической формы 1А1 в виде

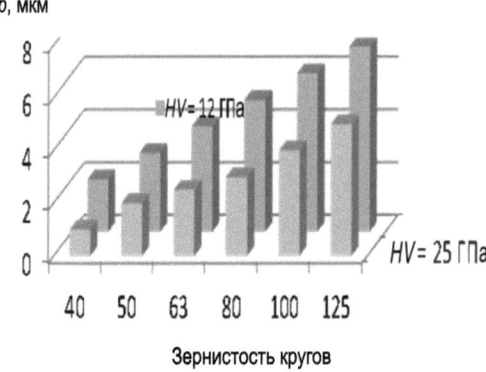

Рис. 17. Диаграмма зависимости предельной глубины внедрения зерен кругов 160/125–50/40 в материал заготовки. Первый ряд – $HV = 25$; второй – $HV = 12$ ГПа

30

развертки на плоскости (рис. 18). Из связки круга выступают алмазные зерна на высоту $Hd2 \sim 1/3D2$ [5], где $D2$ – размер фракции зернистости круга (например, $100/80 = D1/D2$). Наибольшая высота выступания зерен из связки у заправленных кругов зернистостью 100/80 $Hd2 = (1/3)80 \sim 27$ мкм [2]. Слой зерен толщиной 27 мкм именуется далее режущим слоем в алмазном круге. Предельная глубина [2] внедрения зерен кругов зернистостью $D1/D2 = 160/125–50/40$ в материал заготовки с $HV = 12–25$ ГПа $hb = 0{,}28\ Hd2 \cdot HV^{-0{,}2}$. На диаграмме (рис. 17) показана зависимость предельной глубины внедрения зерен кругов 160/125–50/40 в материал заготовки с различной микротвердостью $HV = 12–25$ ГПа. Предельная глубина внедрения зерен алмазного круга определяется свойствами материала заготовки и характеристикой круга.

При изготовлении кругов порошки связки и алмазные зерна тщательно перемешивают, добиваясь равномерного распределения. Исследователи [1, 3] доказывают, что алмазные зерна распределены в связке равновероятно. Приведем феноменологическую модель алмазного круга и формируемой борозды от среднего зерна круга с параметрами зерен алмазного круга и рисок-борозд, полученных этим зерном на поверхности заготовки (см. рис. 18).

Площадь $S(1, 2, 3, 0_1)$ профиля (см. рис. 18, ∂) борозды вычисляется по формулам: $S(1, 2, 3, 0_1) = S(1, 0, 3, 0_1) - S(1, 0, 3, 2)$; $S(1, 0, 3, 0_1) = \pi r_3^2 \alpha^{\text{I}}/360°$; $\alpha^{\text{I}} = 2\arcsin(b/(2r_3))$; $S(1, 0, 3, 2) = (b/2)(r_3 - t)$. Ширина борозды при хрупком разрушении $b = K_{\text{B}} \cdot 2(t(2r_3 - t))^{0{,}5}$, глубина профиля борозды при хрупком разрушении $tm = kt \cdot t$, где kt – коэффициент углубления борозды при хрупком разрушении.

В табл. 5 и 6 приведены зависимости вычисления параметров алмазных кругов.

Для примера использован круг формы 1А1 300×10 мм с режущей поверхностью $S_{\text{кр}} = \pi d_{\text{и}} h = \pi \cdot 300 \cdot 10/100 = 94{,}25$ см^2.

Использован прием воображаемого деления высоты h алмазного круга на элементарные диски: $N_{\text{эл. д}} = h/b$, шт., где b – средняя ширина борозды на поверхности заготовки от одного зерна алмазного круга.

В строках 4 и 6 табл. 5 жирным шрифтом выделены глубины внедрения алмазных зерен кругов разной зернистости в материал заготовок с микротвердостью $HV = 15$ ГПа, обеспечивающие хрупкое разрушение поверхности заготовок (соответствует производительному черновому шлифованию). При внедрении зерен кругов на глубину 0,5–1 мкм обеспечивается пластичное и квазихрупкое разрушение материала заготовок, что желательно производить при чистовом и получистовом шлифовании.

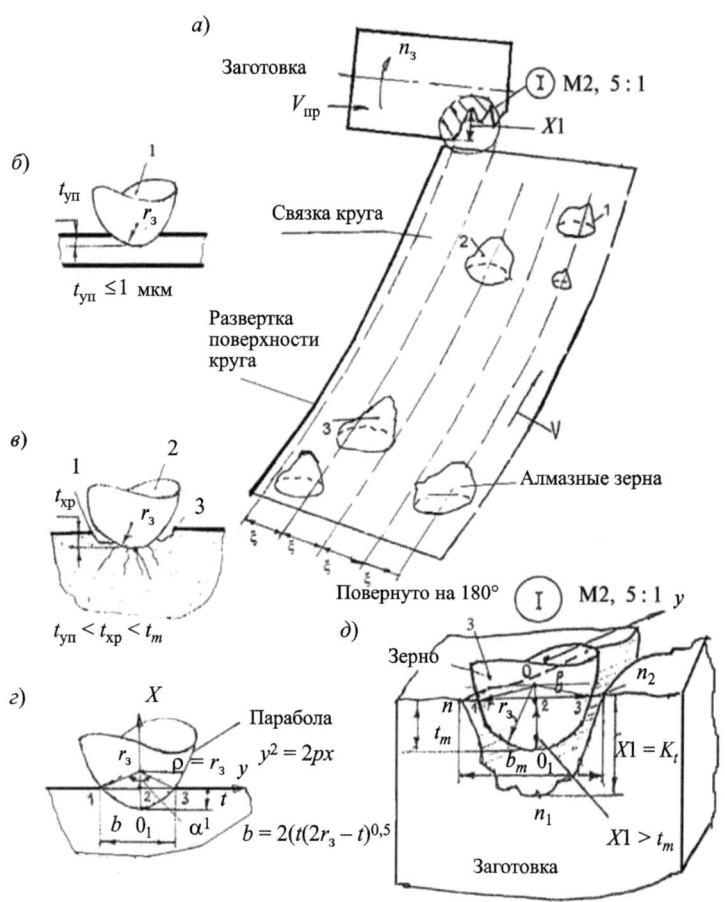

Рис. 18. Феноменологическая модель съема припуска единичными зернами круга: *а* – движение зерен круга относительно поверхности заготовки; *б* – упругопластическое разрушение поверхности заготовки; *в* – хрупкое разрушение; *г* – определение площади сегмента $S(1, 0, 3, 0_1)$; *д* – полное хрупкое разрушение

В строках 1–7 (см. табл. 5) приведены данные о плотности (шт./см²) вершин алмазных зерен кругов разной зернистости в слоях по глубине от 0 до 7 мкм. Можно вычислить приращение плотности зерен в глубину профиля с дискретой 1 мкм.

Расчетная плотность зерен в режущих слоях $N_{[0-t]}$ кругов зернистостью $D1/D2$

№ п/п	Плотность вершин зерен в кругах зернистостью $D1/D2$ в слоях [0–t] режущей поверхности, шт./см²					
	Слои, мкм	160/125	Слои, мкм	125/100	Слои, мкм	100/80
1	0–1	2,615	0–1	3,094	0–0,5	1,851
2	0–2	5,10	0–2	6,01	0–1	3,634
3	0–3	7,48	0–3	8,74	0–1,5	5,35
4	0–4	**9,2**	0–3,5	**10,0**	0–2	7,003
5	0–5	11,9	0–5	13,7	0–2,5	8,59
6	0–6	13,9	0–6	16,0	0–3	**10,12**
7	0–7	15,9	0–7	18,1	0–3,5	11,6

В строках 1–19 табл. 6 приведены зависимости для расчета параметров алмазного круга, режимов обработки и режущей способности кругов, которые являются математической моделью режущей способности алмазных кругов.

Ширина борозды (1-я строка табл. 6) при хрупком разрушении материала заготовки $b = K_\text{в} \cdot 2(t(2r_3 - t))^{0,5}$, а эмпирический коэффициент расширения борозд $K_\text{в}$ приведен в строке 2. Вычисление произведено в пакете MatCad по алгоритму, изложенному в работе [14].

В строке 3 указана задаваемая величина t наибольшей глубины внедрения зерен в материал поверхности заготовки (фактическая глубина рисок $tm = kt \cdot t$). Коэффициент kt углубления борозд для разных зернистостей круга изменяется от 1,6 до 1,1.

В строках 4–6 приведены параметры (a, L_6, N_6) борозд от зерен круга на поверхности заготовки ($a = 2\arccos(1 - t/r_\text{д})$ – центральный угол одной борозды, $L_6 = \pi da/360$ – длина дуги одной борозды, $N_6 = 360/a$ – число борозд на одной окружности цилиндрической заготовки).

В строках 7–10 приведена плотность $N_{[0-t]}$ (шт./см²) зерен круга в слое $[0 - t]$, вычисляемая по формулам, приведенным в [14], и полное число $N_\text{кр}$ (шт.) зерен на всей поверхности круга в слое $[0 - t] - N_\text{кр} = N_{[0-t]}S_\text{кр}$ шт., где $S_\text{кр}$ – площадь режущей поверхности алмазного круга.

В строке 11 приведено число элементарных дисков в высоте круга $N_\text{эл. д} = h/b$ (шт.), где h – высота алмазного круга (в примере $h = 10$ мм), b – средняя ширина борозды.

В строках 12 и 13 приведены зависимости для вычисления числа зерен на одном элементарном диске в слое $[0 - t]$: $n_{1\text{эл. д}} = N_{[0-t]} S_{\text{кр}}/N_{\text{эл. д}}$ (шт.) и числа зерен на одном элементарном диске в слое $[0 - 1]$: $n_{1\text{эл. д}[0-1]} = N_{[0-1]} S_{\text{кр}}/N_{\text{эл. д}}$ (шт.).

В строке 14 приведено число зачищающих зерен кругов различной зернистости в режущем слое глубиной от 1 до t мкм на поверхности каждого элементарного диска круга: $n_{1\text{эл. д}[1-t]} = N_{\text{кр}[1-t]} S_{\text{кр}}/N_{\text{эл. д}}$. Вершины этих зерен лежат в глубине режущего профиля от 1 до t мкм. Эти зерна являются зачищающими. Они удаляют материал с поверхности заготовки, расположенный между бороздами от самых высоких зерен.

Таблица 6

Взаимодействие зерен алмазных кругов с материалом поверхности заготовки при шлифовании и режущая способность Q, см³/мин, круга

№ п/п	Параметры борозд от зерен и режущая способность круга	Зависимость для вычисления параметров зерен и круга	Значения параметров борозд и кругов зернистостью D1/D2		
			160/125	125/100	100/80
1	Ширина борозд, мм	$b = K_b \cdot 2(t(2r_з - t))^{\frac{1}{2}}$, мм	0,159	0,120	0,085
2	Коэффициент расширения борозд $K_в$	Экспериментальная величина	7,6	6,9	6
3	Глубина резания зерна t, мкм	Заданная величина	4	3,5	3,0
4	Центральный угол одной борозды α, градус	$a = 2\arccos(1 - t/r_д)$, градус	1,45	1,36	1,26
5	Длина дуги $L_б$, мм	$L_б = \pi da/360$, мм	1,265	1,19	1,10
6	Число борозд на одной окружности заготовки $N_б$, шт.	$N_б = 360/a$, шт.	248,3	264,7	285,7
7	Число зерен круга в слое $[0-1]$ $N_{\text{кр}[0-1]}$, шт.	$N_{\text{кр}[0-1]} = N_{[0-1]} S_{\text{кр}}$, шт. / круг	246,5	291,6	342,5
8	Радиус при вершине зерна $r_з$, мкм	Экспериментальная величина	15,6	12,5	9,8
9	Плотность зерен $N_{[0-1]}$, шт./см²	Расчетная величина [14]	9,2	10,03	10,12
10	Число зерен на поверхности круга в слое $[0-t]$ $N_{\text{кр}[0-t]}$, шт.	$N_{\text{кр}[0-t]} = N_{[0-t]} S_{\text{кр}}$, шт.	867,1	945,3	953,81
11	Число элементарных дисков на круге $N_{\text{эл. д}} = h / b$, шт.	$N_{\text{эл. д}} = h / b$, шт.	63,07	83,27	117

№ п/п	Параметры борозд от зерен и режущая способность круга	Зависимость для вычисления параметров зерен и круга	Значения параметров борозд и кругов зернистостью $D1/D2$		
			160/125	125/100	100/80
12	Число зерен на одном элементарном диске в слое $[0{-}t]$ $n_{1эл.\,д}$, мкм	$n_{1эл.\,д} = N_{[0-t]}S_{кр}/N_{эл.\,д}$, шт.	13,75	11,35	8,2
13	Число зерен на одном элементарном диске в слое $[0{-}1]$, $n_{1эл.\,д[0-1]}$, мкм	$n_{1эл.\,д[0-1]} = N_{[0-1]}S_{кр}/N_{эл.\,д}$, шт.	3,91	3,50	1,49
14	Число (шт. / 1эл. д) зачищающих зерен в слое $[1{-}t]$ на одном элементарном диске, мкм	$n_{1эл.\,д[1-t]} = N_{[1-t]}S_{кр}/N_{эл.\,д}$, шт.	9,84	7,85	6,66
15	$V_{1об} = L_{bкр[0-1]}$ – длина цилиндра на заготовке, вся поверхность которого покрыта касающимися друг друга бороздами от вершин зерен круга в слое $[0{-}1]$ за 1 ее оборот	$V_{1об} = L_{bкр[0-1]} = bN_{кр[0-1]}\,(n_и/n_з)/N_б$, мм / 1об заг.	4,735	3,65	3,057
16	$V_{пр\,max}^{0}$ – суммарная ширина борозд от вершин зерен круга в слое $[0{-}1]$ при глубине резания t за $n_и$, об/мин. Геометрически: длина линейки шириной, равной одной борозде	$V_{пр\,max}^{0} = bN_{кр[0-1]}n_и$, м/мин ($n_и = 3000$, $n_з = 0$, об/мин)	117,6	105,0	87,3
17	$V_{пр\,max}^{n_з}$ – суммарная ширина борозд от вершин зерен круга в слое $[0{-}1]$ при глубине резания t за $n_и$ и $n_з$, об/мин. Геометрически: длина цилиндра на заготовке, заполненная касающимися друг друга бороздами от зерен	$V_{пр\,max}^{n_з} = bN_{кр[0-1]}n_и/N_б$, м/мин ($n_и = 3000$ об/мин, $n_з = 100$ об/мин)	0,474	0,397	0,3055
18	$V_{пр.\,ф}$ – фактическая продольная подача стола относительно круга при глубине резания $t_ф$ и частотах вращения $n_и$ и $n_з$, об/мин	$V_{пр.\,ф} = V_{пр\,max}^{n_з}\,t/t_ф$, м/мин	$V_{пр.\,ф} = V_{пр\,max}^{n_з}\,t/t_ф$ (м/мин), (чем больше $t_ф$, тем меньше $V_{пр.\,ф}$)		
19	Режущая способность круга Q, см³/мин	$Q = tV_{1об}V_з = tbN_{кр[0-1]}$ $(n_и/n_з)(\pi d_з n_з)/N_б$, см³/мин	0,595	0,3958	0,24

В строке 15 приведена суммарная ширина самых глубоких борозд от вершин зерен круга в слое [0–1] за один оборот заготовки: $V_{1\text{об}} = bN_{\text{кр}[0-1]}(n_{\text{и}}/n_{\text{з}})/N_{\text{б}}$, мм/1об заготовки при $n_{\text{з}} = 1$. Геометрически – это длина цилиндра на заготовке, вся поверхность которого покрыта касающимися друг друга бороздами от вершин зерен круга в слое [0–1] за один ее оборот. Произведение $tV_{1\text{об}}$ (мм^2) – это теоретическая площадь среза материала с заготовки за один ее оборот зернами, лежащими в слое [0–1] круга. Произведение $n_{\text{з}}V_{1\text{об}} = V_{\text{пр}}$ – продольная подача стола станка.

В строке 16 – суммарная ширина $V_{\text{пр max}}^{0}$ борозд от вершин зерен круга в слое [0–1] при глубине резания t за число оборотов в минуту круга, например, $n_{\text{и}} = 3000$, и заготовки: $n_{\text{з}} = 0$ об/мин. Величина $V_{\text{пр max}}^{0}$ равна максимально возможной подаче стола станка при глубине резания t, мкм, при $n_{\text{з}} = 0$. Геометрически это длина линейки шириной, равной ширине одной борозды. При этих условиях борозды от зерен касаются друг друга и расположены в одну линию на образующей цилиндра, длина которой вычисляется по формуле $V_{\text{пр max}}^{0} = bN_{\text{кр}[0-1]}n_{\text{и}}$, м/мин ($n_{\text{и}} = 3000$, $n_{\text{з}} = 0$, об/мин).

В строке 17 приведена формула $V_{\text{пр max}}^{n_{\text{з}}}$ – суммарной ширины борозд от вершин зерен круга в слое [0–1] при глубине резания t за $n_{\text{и}} = 3000$ и $n_{\text{з}} = 100$ об/мин, равной максимально возможной подаче ($V_{\text{пр max}}$, м/мин) стола при глубине резания t, мкм, и $n_{\text{з}} = 100$ об/мин: $V_{\text{пр max}}^{n_{\text{з}}} = bN_{\text{кр}[0-1]}n_{\text{и}} / N_{\text{б}}$, м/мин ($n_{\text{и}} = 3000$, $n_{\text{з}} = 100$ об/мин). Геометрически это длина (м/мин) цилиндра на заготовке, заполненная касающимися друг друга бороздами от зерен.

В строке 18 – формула для вычисления $V_{\text{пр. ф}}$ – суммарной ширины борозд от вершин зерен круга в слое [0–1] при заданных значениях $n_{\text{и}}$ и $n_{\text{з}}$, об/мин, и глубине $t_{\text{ф}}$, мкм, резания: $V_{\text{пр. ф}} = V_{\text{пр max}}^{n_{\text{з}}} t / t_{\text{ф}}$, м/мин.

В строке 19 дана формула режущей способности кругов $Q = tV_{1\text{об}}V_{\text{з}} = tbN_{\text{кр}[0-1]}(n_{\text{и}}/n_{\text{з}})\pi d_{\text{з}}n_{\text{з}}/N_{\text{б}}$, см^3/мин, и значения величины Q кругов различной зернистости: от 160/125–100/80.

Алгоритм компьютерного вычисления всех технологических параметров процесса алмазного шлифования легко строится по формулам, приведенным в строках 1–19 табл. 6. Для всех используемых алмазных кругов при черновом шлифовании зернистостью 160/125–100/80 вычислены в Excel технологические параметры (см. табл. 5). Аналогично для получистовых и чистовых процессов шлифования могут быть получены значения технологических параметров при задании соответствующих переменных (см. табл. 6).

Выводы. На основе анализа [14] процесса шлифования и вычислений плотности $N_{[0-1]}$ (шт./см²) зерен в алмазных кругах, среднего радиуса r_3 при вершине у зерен кругов различной зернистости, полученных результатов исследований по разрушению поверхности заготовок зернами (параметры b и $K_{\text{в}}$) стало возможным прогнозировать параметры процесса алмазного шлифования хрупких твердых материалов заготовок (см. строки 1–19 табл. 6).

Использован прием воображаемого деления высоты алмазного круга на элементарные диски ($N_{\text{эл. д}} = h/b$, шт.). Ширина у каждого диска равна ширине b, мм, борозды, сформированной зернами круга, вершины которых лежат в самом верхнем слое [0–1], мкм, т. е. которые оставляют самые глубокие риски на шлифуемой поверхности заготовки.

Получена зависимость вычисления числа ($n_{1\text{эд}[0-1]}$) зерен в слое [0–1], мкм, на одном элементарном диске, позволяющая определять суммарную ширину борозд круга от вершин зерен в слое [0–1] за один оборот или любое число оборотов круга. Поскольку на каждом элементарном диске круга для рассматриваемых зернистостей число зерен в слое [0–1] составляет от 3,91 до 1,49, то практически весь припуск снимается вершинами этих зерен (см. строку 13 табл. 6).

Обеспечена возможность вычислять максимальную продольную подачу стола станка при глубине резания t, мкм, по формуле: $V_{\text{пр max}}^{n_3} = bN_{\text{кр}[0-1]}n_{\text{и}} / N_6$, м/мин.

Установлена зависимость для вычисления режущей способности круга:

$$Q = tV_{1\text{об}}V_3 = tbN_{\text{кр}[0-1]}(n_{\text{и}} / n_3)\pi d_3 n_3/N_6, \text{ см}^3/\text{мин.}$$

Формулы (см. строки 1–19 табл. 6) позволяют управлять шлифованием алмазными кругами. Используются задаваемые ($n_{\text{и}}, n_3, t, d_3, d_{\text{и}}$) и вычисляемые ($V_{\text{пр}}$, Q) параметры режимов обработки.

9. ДОМИНИРУЮЩИЕ ФАКТОРЫ, ВЫЗЫВАЮЩИЕ ТРЕЩИНЫ В ПОВЕРХНОСТНОМ СЛОЕ ШЛИФУЕМЫХ ЗАГОТОВОК ИЗ ТХМ

В современных машинах и механизмах часто ответственные детали делают из керамики, композитов, твердого сплава, природных минералов с микротвердостью поверхности заготовок $HV = 10{-}30$ ГПа. Механическая обработка заготовок деталей производится преимущественно алмазным инструментом. Обеспечение точности размеров и взаимного положения поверхностей у деталей осуществляется за счет оборудования, оснащения и квалификации рабочего. Качество поверхностного слоя материала заготовок зависит от параметров инструмента и режимов обработки. Микротрещины на поверхности, сколы краев по периметру заготовок [5, 16] возникают по причине термического и механического воздействий алмазных зерен на поверхность заготовок. Достаточно сложно прогнозировать, какой из двух названных факторов является главным при образовании микротрещин и выколов на поверхности и у краев заготовок.

Приведем результаты исследований по выявлению доминирующего фактора образования микротрещин и сколов краев при алмазном шлифовании заготовок из керамики.

Цель исследований: путем сопоставления различных процессов шлифования установить главный фактор (термический или силовой) образования поверхностных трещин на заготовках из керамики.

Методика исследований. Обрабатываемые заготовки наклеивались термопластичным клеем на поверхность сменных столов (рис. 19) станков моделей СПШП-1 (см. рис. 7, *а*) и 3111 (см. рис. 7, *б*). Снятие заготовок производилось после нагрева стола до 90 °С. Стол с заготовками устанавливали на торец вертикального высокоточного шпинделя станка. Частота вращения шпинделя стола равна 30–400 мин$^{-1}$. Инструментальный шпиндель станков вращался с частотой 3000–18 000 мин$^{-1}$. Станки имеют возможность работать с постоянной силой P_y = 0–300 Н прижима алмазного круга к поверхности заготовок или вертикальной подачей инструмента в материал заготовок $S_в$ = 0,01–0,5 мм/мин. В качестве смазочно-охлаждающей жидкости (СОЖ) использовали воду с антикоррозийными присадками. Применяли алмазные круги формы 12А2 с углом 45° характеристик АС6 80/63 М1-100. Круги правили путем шлифования мягких абразивных брусков из электрокорунда зернистостью, равной зернистости алмазных кругов.

Рис. 19. Оснастка и керамические заготовки, наклеенные на сменные столы станка

На поверхность заготовок действовали только термическим или силовым, а также совместно силовым и термическим факторами с целью выявления доминирующей причины трещинообразования материала в поверхностном слое заготовок. Изготавливали сферические микрошлифы для определения глубины микротрещин под бороздами от зерен круга или под оптическими следами — траекториями движения зерен по поверхности заготовок. Далее приведены результаты

38

исследований образования трещин в поверхностном слое материала заготовок в процессе алмазного шлифования при следующих условиях обработки.

1. Действие на поверхность заготовок только термического фактора. Полированную поверхность заготовок на круглом сменном столе (см. рис. 19) станка "шлифовали" кругом с площадками износа на вершинах зерен. Зерна не могли внедриться и резать керамику. Они скользили по поверхности заготовок при постоянной силе прижима круга $P_y = 150$ Н.

Давление на контактной поверхности зерен

$$\sigma_3 = P_y /(\Delta S_{ед} N_{н}),$$

где $\Delta S_{ед}$ – средняя арифметическая площадь площадки износа одного зерна, определяемая в пяти полях зрения ($\times 64$) микроскопа МБС-2; количество площадок износа на номинальной площади $S_{н}$ контакта круга с поверхностью заготовок $N_{н} = N_{л} S_{н} / S_{кр}$ ($N_{л}$ – количество площадок износа на зернах круга; $S_{кр}$ – площадь режущей поверхности круга).

Например, притупленный круг АС6 80/63 М1-100 имеет $\Delta S_{ед} = 375$ мкм^2 и $N_{л} = 875$ площадок. При $S_{н} / S_{кр} = 0,7$. $N_{н} = 0,7 \cdot 875 = 612$ шлифующим зернам в контакте. Следовательно, при силе $P_y = 150$ Н фактическое давление $\sigma_3 = 150/(375 \cdot 10^{-12} \cdot 612) = 0,65$ ГПа.

На столы станка СПШП-1 наклеивали заготовки в виде кольца (см. рис. 19) с наружным и внутренним радиусами, соответственно, 130 и 50 мм. К неподвижной поверхности заготовок из титаносодержащей керамики прижимали круг силой 150 Н. Круг вращался со скоростью 15 или 90 м/с в течение 3 с. СОЖ отсутствовала. Для этих скоростей рассчитанные по формуле для $\sigma_{пл}$ давления, необходимые для оплавления керамики на контактной поверхности зерен, равны 13,3 и 7,2 ГПа:

$$\sigma_{пл} = \lambda_{м} T_{пл}/(4\alpha_{м} f V r_0),$$

где $\lambda_{м}$ и $\alpha_{м}$ – коэффициенты тепло- и температуропроводности шлифуемого материала; $T_{пл} = T_{сп} / (0,827{-}0,97)$ – температура начального плавления поверхностного слоя у различных керамик; f – коэффициент трения; V – скорость скольжения; r_0 – радиус пятна контакта.

Критические давления σ при скоростях шлифования 15 и 90 м/с равны 1,45 и 0,24 ГПа, при этих значениях на площадках износа зерен микротвердость алмаза снижается от значения ~95 до значения ~30 ГПа, близкого к микротвердости материала заготовок. На полированной поверхности керамики образуются яркие блестящие следы *1* от зерен (рис. 20, *а*, *б*). Профилографирование поперек следов *1* показало, что поверхность ровная, без выступов и впадин. На

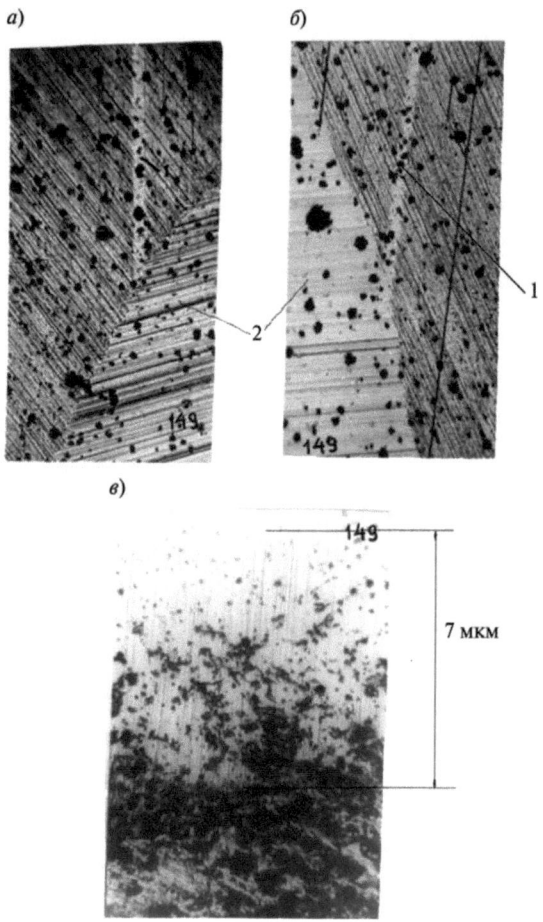

Рис. 20. Отсутствие микроразрушений (×160) под следами
1 (*а*, *б*) зерен на поверхности *2* сферического микрошлифа
заготовок и микротрещины (*в*) глубиной 7 мкм
под бороздами от зерен круга

сферических шлифах *2* (см. рис. 20, *а*, *б*) видно, что слой материала под следами не имеет трещин. При скорости 90 м/с фактическое давление было в 2,7 раза больше давления, при котором снижается твердость алмазов, но в 11 раз меньше, чем требуется для оплавления контактирующих с зерном точек поверхности заготовок. После 3 с скольжения зерен по поверхности заготовок были вновь измерены величины $\Delta S_{ед}$ и $N_{л}$. Они увеличились и стали равными, соответственно, 470 мкм^2 и 890 шт. Расчетные значения плотности потока $\omega_p = (0{,}9–0{,}95)\omega_{pп}$, не вызывающие образования трещин в поверхности керамики, скорости нагрева $\partial T/\partial \tau$ и температурного градиента $\partial T/\partial y$ при времени действия источника $\tau = 2(\Delta S_{\text{ед}}/\pi)^{0,5}(1/V)$, при скоростях 15 и 90 м/с, соответственно, равны: $0,21 \cdot 10^9$ и $0,64 \cdot 10^9$ Вт/м^2, $0,0273 \cdot 10^9$ и $0,236 \cdot 10^9$ К/с, $0,0636 \cdot 10^9$ и $0,224 \cdot 10^9$ К/м. Глубина прогрева до температуры спекания $T_{\text{сп}}$ равна 0,17 и 0,07 мкм.

В следующем опыте на стол станка были наклеены в форме кольца заготовки из титаносодержащей керамики, 22ХС, нитрида кремния Si_3N_4, кермета и композита. Ширина кольца $R_{\text{зн}} - R_{\text{зв}} = 80$ мм. Заготовки прошлифованы и отполированы. Описанный опыт повторили. На всех заготовках, шлифованных при скорости 90 м/с, трещин не обнаружили.

2. Силовое и термическое действия зерен круга на шлифуемую поверхность. Притупленный круг, вращающийся со скоростью 90 м/с, вводили в зазор между заготовками так, чтобы площадки износа зерен были ниже уровня полированной поверхности. При повороте стола с заготовками рукой зерна круга наносили отдельные риски на их поверхности. При этом под рисками глубиной 1 мкм обнаружены трещины глубиной до 7 мкм (рис. 21). Описанные опыты повторили при расходе СОЖ-воды, равном 6 дм^3/мин. Получили аналогичные результаты. Следовательно, тепловой поток от сил трения зерен о материал не вызывает разрушения полированной поверхности. Увеличение плотности потока за счет варьирования режимов шлифования не приводит к образованию трещин при скольжении зерен по полированной поверхности керамических заготовок, так как происходит интенсивное изнашивание контактной поверхности алмазов и снижение давления. Трещиноватый слой образуется только при внедрении зерен в заготовки на глубину, бо́льшую, чем предельная упругая деформация материала.

3. Действие на поверхность заготовок только силового или одновременно силового и термического факторов. Сопоставляли обработку титаносодержащей керамики с $HV = 20$ ГПа при скоростях круга, равных 0,002, 15 и 90 м/с (на микрошлифах этой керамики лучше различимы микротрещины). Для измерения фактической глубины внедрения зерен кругов в керамическую заготовку были прорезаны пазы, куда вклеены алюминиевые проволочки – свидетели. Поверхность заготовок шлифовали кругом АС6 80/63 М1-100 с износом зерен, равным 10 мкм, при постоянной силе $P = 90$ Н, радиусах установки заготовок на столе станка $R_{\text{зн}} = 130$ и $R_{\text{зв}} = 50$ мм. Скорость 0,002 м/с обеспечивали поворотом круга вручную на длину дуги 8–10 мм за 4–5 с. При скорости 15 и 90 м/с режущую поверхность круга подводили с зазором ~5 мкм к поверхности вращающихся заготовок и опускали на 1–2 с, затем поднимали. Плотность теплового потока на

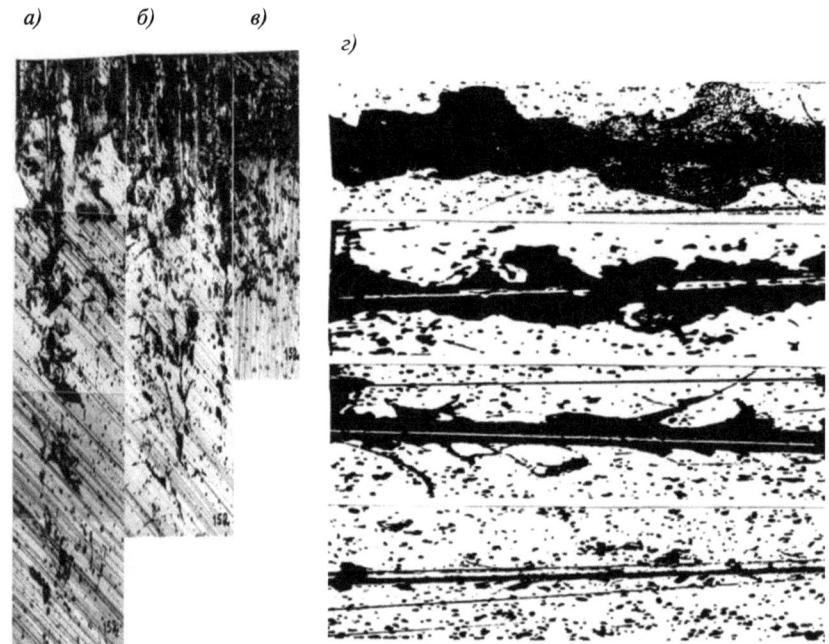

Рис. 21. Глубина (*а, б, в*) трещиноватого слоя при шлифовании на скоростях 0,002, 15, 90 м/с материала заготовки и борозды (*г*) от резания единичным зерном ($r_3 = 14$ мкм; ×160) титаносодержащей керамики при силе P_y, равной, соответственно: 0,5; 0,3; 0,2; 0,05 Н. На берегах борозд видны сколы краев и криволинейные трещины

площадках износа зерен вычисляли по формуле $\omega_p = b_{\text{к}} f \sigma_3 V$ для скоростей 0,002, 15 и 90 м/с. Фактические давления оценивали по зависимости $\sigma_3 = P_y / (\Delta S_{\text{ед}} N_{\text{н}})$, исходя из эмпирических значений наибольших глубин внедрения зерен в материал заготовок.

Для указанных скоростей получили давления σ_3, соответственно, равные: 0,26; 0,11; 0,03 ГПа, а плотности потоков ω_p: $1{,}25 \cdot 10^4$; $0{,}04 \cdot 10^9$; $0{,}065 \cdot 10^9$ Вт/м². Из сопоставления плотностей потоков следует, что при скорости 0,002 м/с тепловой поток в ~5200, при 15 м/с – в 1,63 раза меньше, чем при 90 м/с. Следовательно, шлифование со скоростью 0,002 м/с можно считать только приближенно силовым процессом, а 90 м/с – процессом одновременного действия силового и термического факторов. При обработке профилограмм поперечных сечений шлифовочных рисок и анализа микротрещин на сферических шлифах получено (рис. 21) следующее: глубина самых глубоких рисок, сформированных на скорости 0,002 м/с, в 1,4 раза больше, чем на 15 м/с, и в 1,75 раза больше, чем на 90 м/с, при прочих равных условиях. Глубины трещин под самыми глубокими рисками при скоростях 0,002 и 15 м/с различаются на 13 %, но в 3,4 раза больше, чем при 90 м/с (см. рис. 21, *а*, *б*). У рисок, образованных шлифованием на скорости 90 м/с, края и дно более гладкие, а на скорости 0,002 м/с – со сколами и вырывами материала.

На сферических шлифах трещины, полученные на разных скоростях, выглядят практически одинаково, но глубина их различная. Физически трещины представляют собой раздавленные силой резания кристаллы керамики, которые разориентированы (выглядят на микрофото черными). Из анализа профилограмм борозд следует, что при малой скорости шлифования зерна внедряются в материал глубже (при прочих одинаковых условиях шлифования).

В полированную поверхность вклеивали в пазы керамики проволочки из алюминия. Борозды наносились при шлифовании на поверхность керамики и на проволочки. Глубина шлифовочных рисок из-за хрупкого разрушения керамики в 3,0–3,5 раза больше, чем на металле. Глубина рисок и трещиноватого поверхностного слоя при низкой скорости (практически силовом процессе) больше, чем при высокой скорости – силовом и термическом процессах. Увеличение плотности теплового потока в 5200 раз с ростом скорости от 0,002 до 90 м/с не приводит к росту глубины трещин. Это свидетельствует о том, что скорость шлифования через термический фактор не влияет на глубину трещин. Итак, в механизме образования трещин доминирующее значение имеет сила и время ее действия.

4. Единичное и циклическое действия на поверхность заготовок силового и термического факторов одновременно. Было подготовлено несколько пар сменных столов (см. рис. 19) с полированной поверхностью заготовок, наклеенных в три-пять рядов, из материалов: титаносодержащей керамики, форстерита, 22ХС, нитрида кремния Si_3N_4, кермета. Циклическое действие зерен круга на поверхность заготовок осуществлялось путем съема припуска z, равного 40–50 мкм, острым кругом АС6 80/63 М1-100 при его скорости 90 м/с, скорости заготовок 3 м/с и силе $P_y = 180$ Н. Число циклов действия на любую точку поверхности заготовок $N_ц = L_3/\lambda \approx 1200$, где L_3 – путь, пройденный точкой заготовки по поверхности инструмента за время $\tau = z/И$, здесь И – интенсивность съема материала, мм/с; λ – средний шаг между разрушающими зернами.

Единичное действие зерен круга на поверхность заготовок осуществлялось при обработке другого сменного стола. Алмазным кругом с теми же режимами произвели шлифование в течение 1–2 с по методу, описанному ранее (поворот стола рукой). При этом на поверхности заготовок образовались отдельные риски с большим шагом.

После изготовления сферических шлифов на единичных рисках и на шероховатой шлифованной поверхности установлено с погрешностью до 11 % равенство наибольших средних глубин l трещиноватого слоя у заготовок из одинаковых материалов. Глубины трещин, зафиксированные в различных местах единичных рисок и шлифованной поверхности, распределены нормально и имеют рассеивание результатов $\pm3\sigma_3 \leq 0,183l$. Чем больше микротвердость HV и модуль упругости E материала, тем меньше глубина трещин и значение $3\sigma_3$.

Выводы. Создавая технологию изготовления деталей из керамики, технолог должен учитывать следующие факторы, влияющие на качество изделий и производительность процесса.

1. Глубины трещиноватого слоя на поверхности шлифованных заготовок для конкретной керамики с погрешностью 11 % одинаковые при единичном и циклическом воздействиях одновременно силового и термического факторов от действия зерен круга на поверхность.

2. В механизме образования трещин доминирующее значение имеет сила и время ее действия, а не тепловое воздействие от трения зерна по поверхности материала заготовок.

3. Глубины рисок и трещиноватого поверхностного слоя при низкой скорости (практически силовом процессе) больше, чем при высокой – силовом и термическом процессах.

4. Присутствие или отсутствие СОЖ-воды не влияет на глубину трещин на прошлифованной поверхности.

5. Глубина трещин, размеры выколов и сколов (см. рис. 21, *г*) по берегам борозд зависят от силы и прочностных свойств материала – керамики.

БИБЛИОГРАФИЧЕСКИЙ СПИСОК

1. Абразивная и алмазная обработка материалов : справ. / под ред. Н. В. Новикова. – Киев : Наук. думка, 1981. – 121 с.

2. Алмазная обработка технической керамики / Д. Б. Ваксер [и др.]. – Л. : Машиностроение, 1976. – 160 с.

3. Справочник по алмазной обработке металлорежущего инструмента / В. Н. Бакуль [и др.]. – Киев : Техшка, 1970.

4. **Балакин В. А.** Трение и износ при высоких скоростях скольжения / В. А. Балакин. – М. : Машиностроение, 1980. – 136 с.

5. **Гордашник К. З.** Тенденции создания керамических материалов и их применения в инструментальном производстве / К. З. Гордашник, А. А. Лебедева, Г. К. Козина // Інструментальный світ. – 2007. – 1 (33). – С. 23–26.

6. **Гусев В. В.** Влияние на качество поверхностного слоя технической керамики износа алмазного шлифовального круга / В. В. Гусев // Надежность инструмента и оптимизация технологических систем : сб. науч. работ. Вып. 12. – Краматорск, 2002. – С. 234–241.

7. **Гусев В. В.** О распределении параметров срезов при глубинном круглом шлифовании периферией круга / В. В. Гусев // Резание и инструмент в технологических системах : междунар. науч.-техн. сб. Вып. 65. – Харьков, 2003. – С. 37–46.

8. **Либовиц Г.** (*ред.*). Разрушение. В 7 т. Т. 5. Расчет конструкций на хрупкую прочность. – М. : Машиностроение, 1977. – 452 с.

9. **Либовиц Г.** (*ред.*). Разрушение. В 7 т. Т. 4. Исследование разрушения для инженерных расчетов. – 1977. – 400 с.

10. **Лоладзе Г. Н.** Износ алмазов и алмазных кругов / Г. Н. Лоладзе, Г. В. Бокучава. – М. : Машиностроение, 1967. – С. 112–116.

11. **Матвиенко Ю. Г.** Физика и механика разрушения твердых тел / Ю. Г. Матвиенко. – 2000. – 76 с.

12. Математические основы теории разрушения. Кн. 3. Инженерные основы и воздействие внешней среды. – 1976. – 796 с.

13. **Морозов Е. М.** Контактные задачи механики разрушения / Е. М. Морозов, М. В. Зернин. – 2-е изд. – 2010. – 544 с.

14. **Никитков Н. В.** Математическое моделирование процессов алмазной абразивной обработки хрупких керамических материалов / Н. В. Никитков // Математическое моделирование в машиностроении : тр. СПбГПУ. – 1997. – № 466. – С. 40.

15. **Резников А. Н.** Теплофизика процессов механической обработки материалов / А. Н. Резников. – М. : Машиностроение, 1981. – 279 с.

16. Скоростная алмазная обработка деталей из технической керамики / Н. В. Никитков [и др.]. – Л. : Машиностроение, 1984. – 131 с.

17. **Степанова Л. В.** Математические методы механики разрушения / Л. В. Степанова. – 2009. – 336 с.

18. **Фролов К. В.** (*ред.*). Машиностроение. Энциклопедия. Технология производства изделий из композиционных материалов, пластмасс, стекла и керамики. Т. III-6. – 2006. – 576 с.

19. Cookson Group (Vesuvius USA) – Advansed Ceramics to 2008. URL: http://freedonia.ecnext.com/coms2/summary 0285-33662 ITM.

20. Handbook of advanced ceramics machining / ed. by. Ioan D. Marinescu. – CRC Press Taylor & Francis Group 6000 Broken Sound Parkway NW, Suite 300 Boca Raton, FL 33487-2742. – 2007.

21. URL: http://www.sibtmk.ru/prod detailsl ceramics.htm (дата обращения 28.09.2013).

22. URL: http://perm.tiu.ru/p866844-izgotovlenie-detalij-tverdogo.html (дата обращения 28.09.2013).

23. URL: http://www.pumori.ru (дата обращения 28.09.2013).

24. URL: main@emag-group.ru (дата обращения 28.09.2013).

25. URL: http://spb.stanki.ru/unit/4033/shlifovalnyy-stanok-s-chpu-dlya-zatochki-chervyachnykh-frez (дата обращения 28.09.2013).

ОГЛАВЛЕНИЕ

Никитков Николай Валентинович, доктор технических наук, профессор, СПбГПУ, Санкт-Петербург.

Колодяжный Дмитрий Юрьевич, кандидат технических наук, заместитель генерального директора по инновационному развитию "Управляющей компании "Объединенная двигателестроительная корпорация", Москва.

Ковеленов Николай Юрьевич, кандидат технических наук, доцент СПбГПУ, главный технолог ООО "Вириал", Санкт-Петербург.

Printed by Books on Demand GmbH, Norderstedt / Germany